花园集

花园集俱乐部◎主编

庭院景观设计③

上海交通大学出版社
SHANGHAI JIAO TONG UNIVERSITY PRESS

内容提要

本书收集了国内优秀庭院设计师近期的庭院景观设计案例,别墅庭院、阳台屋顶花园、办公会所庭院、民宿花园、楼盘样板花园,共5大类型45个案例,详细讲解了430个庭院景观的设计技巧。每个案例都配有图文讲解,使得读者可以清晰的了解造园知识,是设计、打造庭院的良好参考。

图书在版编目(CIP)数据

花园集 . 3,庭院景观设计 / 花园集俱乐部主编 . ——
上海 : 上海交通大学出版社,2019.12
    ISBN 978-7-313-22145-2

    Ⅰ . ①花… Ⅱ . ①花… Ⅲ . ①庭院－景观设计 Ⅳ .
① TU986.2

    中国版本图书馆 CIP 数据核字 (2019) 第 238232 号

花园集 庭院景观设计3

HUAYUANJI TINGYUAN JINGGUAN SHEJI 3

主   编:花园集俱乐部
出版发行:上海交通大学出版社   地   址:上海市番禺路951号
邮政编码:200030   电   话:021-64071208
印   制:天津图文方嘉印刷有限公司   经   销:全国新华书店
开   本:889mm×1194mm 1/16   印   张:11
字   数:141千字
版   次:2019年12月第1版   印   次:2023年3月第2次印刷
书   号:ISBN 978-7-313-22145-2
定   价:69.80元

目录

—— 别墅花园 ——

保利别墅花园

设计难点：该庭院为旧园改造重建，旧园小乔木过多，影响整体采光，导致庭院色调昏暗；旧水系未做净化处理，青苔杂草丛生，缺乏美感并影响庭院的使用功能；庭院两侧为狭长台地，使用率低，后院因一些功能性建筑的存在被分割成了高差不同的几个块面，不易整合而且使用不便。

解决方案：以现代极简主义结合日式枯山水的手法，简化庭院内过多的高差分层，用简洁舒朗的浅色调楼梯搭配玻璃栏杆，最大限度地避免了常规楼梯容易形成的阴暗和狭窄，楼梯转角处的零散块面点缀以日式枯山水，简单干净；后院高差以自然式水系与瀑布来化解，并将大部分功能区域整合在一起，美观且实用；植物搭配以空间绿化为主，大乔木加小灌木的组合，既保证了庭院绿化率，又不会影响庭院采光。

新方案完美解决了旧园的各种遗留问题，为客户实现了家居生活庭院化的目标。

花园面积：1200 平方米
设计师：石治、邓欢
设计、施工单位：重庆和汇澜庭

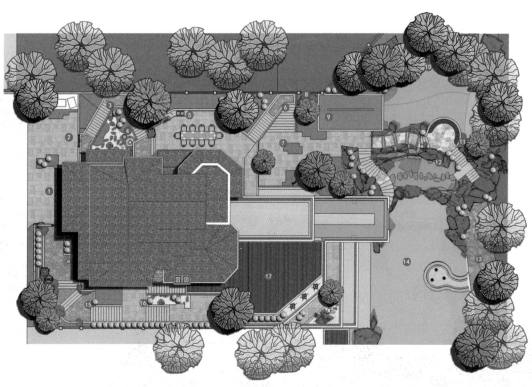

N

1. 停车位
2. 花园入户门
3. 楼梯
4. 禅意灰空间
5. 户外用餐区
6. 楼梯
7. 禅意景观
8. 对景石
9. 现代茶亭
10. 假山跌水
11. 弧形坐凳
12. 跌水景观
13. 野趣园路
14. 荷花塘
15. 侧花园楼梯
16. 台地景观
17. 观景露台

总平面图

——— 别墅花园 ———

尚山水·园

园居生活是人与自然对话的浪漫行为。何为家庭，即有家、有庭，所以人与园本身就是密不可分的存在。

此园位于江南姑苏城，花园分为南北两侧，主体位于建筑南侧，建筑以北只有很少一部分。建筑与院子极为规整，我们试图在规整的一方天地中营造出灵秀的自然山水意境。客厅之外，开阔优美，三五片石屹立其中，层层灰色砾石似溪流般绕其左右，又如流金般撒在这青苔与置石之间，与客厅遥遥相望，好不惬意。这难道不正是所谓的"山水"吗？

细腻的木格栅"依偎"在轻盈的房屋构架之下，透出翩翩竹影，颇具现代时尚感的凉亭点缀些许东方元素，这才是适合中国人的简约。再一回眸，石榴树下，坐着的不正是我们挚爱的家人吗？树上挂满了红红火火的石榴，就像这个多子多福的家一样。树影婆娑，倒映在水中，身旁涌泉汩汩，家人的欢声弥漫在充满香味的空气中……

如果说"造园本身就是一个领悟生命的过程"，那么我们认为"造园设计就是对生命意义的自然探索"。本案通过对"现代时尚的居家生活美学"和"启迪心灵的自然山水意境"的融合，提炼出一种园居生活方式。园子的美是说得完的，但生活的美是说不完的。

花园面积：220 平方米
花园造价：70 万元
竣工时间：2018 年 3 月
主案设计师：朱高峰
设计单位：苏州师造建筑园林设计有限公司

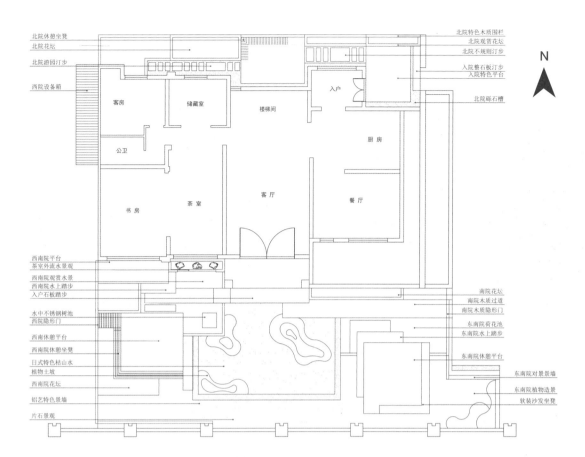

北院休憩坐凳
北院花坛
北院游园汀步
西院设备箱

北院特色木质围栏
北院观赏花坛
北院不规则汀步
入院整石板汀步
入院特色平台
北院砾石槽

客房　　储藏室　　楼梯间　　入户

公卫　　　　　　　厨房

书房　　茶室　　客厅　　餐厅

西南院平台
茶室外流水景观
西南院观赏水景
西南院水上踏步
入户石板踏步

南院花坛
南院木质过道
南院木质隐形门

水中不锈钢树池
西院隐形门
西南休憩平台
西南院休憩坐凳
日式特色枯山水
植物土坡
西南院花坛
铝艺特色景墙
片石景观

东南院荷花池
东南院水上踏步
东南院休憩平台

东南院对景景墙
东南院植物造景
软装沙发坐凳

N

总平面图

———————— 别墅花园 ————————

林栖雅筑

园为窗之景、屋之障、人之所。设计师侧重五感与空间、时间等维度变化的考量，以传统东方造园手法为主线，融入西方景观元素，将传统与现代技艺相结合，用300天时间带领专业团队精心打造本案。此园从开工至今贤人雅士纷至沓来，对此园赞誉有加。

该花园有三层空间，即一楼主花园、四楼屋顶花园和地下茶室半开放花园。设计师以人为本，从客户需求入手，利用多层空间的天然格局顺势造园，结合建筑、室内与外围景观，巧妙运用东方园林的借景、对景、框景、漏景、障景等手法，将室内空间向外延伸，将室外花园美景拉进室内。同时融合西方园林的开放式布局，合理规划功能元素，将整个花园设计成多元融合、低调奢华的专属私家庭园。

设计师力求在方寸之间彰显东、西方园林艺术的精髓，张弛有度，收放自如，营造出有如森林水畔的一处雅致居所，故而得名"林栖雅筑"。

花园面积：1300平方米
花园造价：1200万元
竣工时间：2017年5月
主案设计师：董宝刚
设计、施工单位：上海淘景园艺设计有限公司

◆一楼花园

花园中的一草一木都由设计师亲自挑选：欧洲的橄榄树，日本的罗汉松、紫薇、造型茶梅、大杜鹃球、小叶鸡爪槭，欧洲的绣球、月季，中国的洛阳牡丹、徽州骨里红梅、广西小叶金桂、浦城丹桂等奇花异草，无一不凝聚着设计师的汗水与智慧。

回头来看整个花园的营造过程，似乎每样东西都早已定好自己的位置，不增不减、浑然天成。设计师始终怀着一颗感恩的心回报业主的信任，竣工后的花园，为业主及其家人与朋友提供了足够的聚会空间，也为他们的生活增光添彩。

一楼花园中的地势起伏，水景、山石的点位布局，符合传统园林的构筑方式。东侧假山层峦叠嶂、连绵起伏，加以

丛林盆景的修饰，更显气势磅礴。正所谓"看山是山，看水是水"。主人清晨沐浴着阳光，赤足静坐于塑木地板之上，沉醉于山水的意境，感悟美好的生活。

地下茶室的锦鲤池是整个花园的点睛之笔，这块空间原本是内外分隔的，设计师仔细推敲后决定将两块空间合二为一。当中的一个大立柱成为设计中的难点，设计师巧妙运用仿真榕树将其包裹，不仅与后面的垂直绿化墙相映成趣，更为锦鲤池增添了几分生机。傍晚时分，沏一壶清茶，透过鱼池旁边立面的玻璃视窗，看到锦鲤从树下悠闲地游过，增加了空间的变化与张力，加上夜景灯光的映衬，更显深邃梦幻。

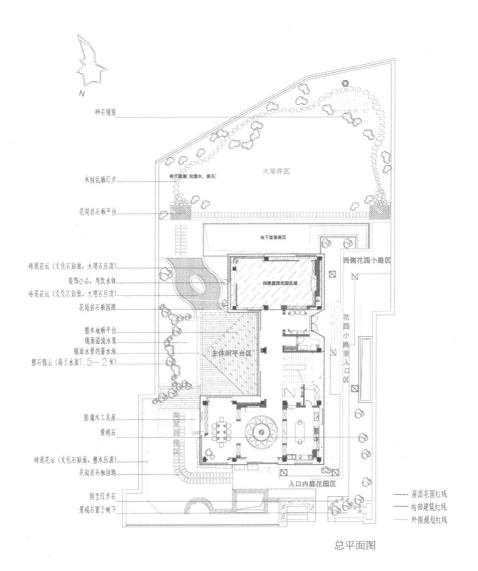

砂石镶装

木纹乱板汀步
花岗岩石板平台

砖混花坛（文化石贴面，大理石压顶）
装饰小品，鸟饮水钵
砖混花坛（文化石贴面，大理石压顶）
花岗岩石板园路

塑木地板平台
镜面溢流水景
镜面水景的蓄水池
塑石假山（高于水面1.5—2米）

防腐木工具房
景观石

砖混花坛（文化石贴面，塑木压顶）
花岗岩石板园路

园艺汀步石
景观石置于树下

客厅映象（花灌木、景石）
大草坪区

地下室景观区

四楼屋顶花园区域

西侧花园小路区

花园小路至入口区

主体闲平台区

入口内庭花园区

------ 屋顶花园红线
...... 内部建筑红线
—— 外围规划红线

总平面图

◆屋顶花园

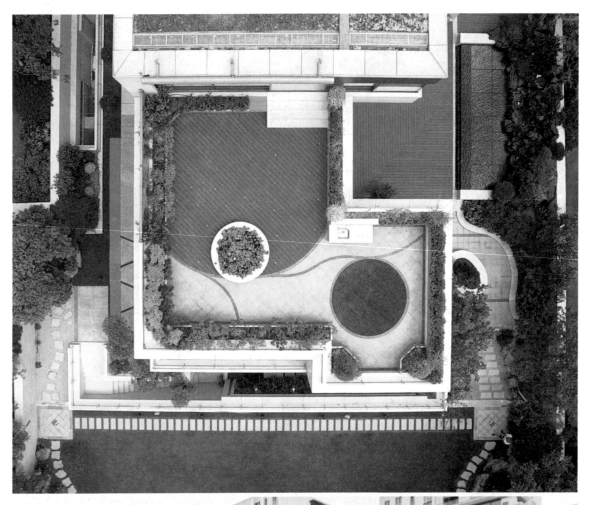

◆地下茶室花园

—— 别墅花园 ——

麓山国际长岛

花园面积：276 平方米
花园造价：300 万元
竣工时间：2018 年 5 月
主案设计师：王东
设计、施工单位：成都绿豪大自然园林绿化有限公司

本案原是一个别墅花园，因建筑改造变成了一个纯粹的屋顶花园，从而失去了地面花园的"根基"，但业主梦想的是一个自然生态、原汁原味的地面花园景观，要像大自然中的风景一样真切，这种真切又要透着人工干预的精致美，而不是普通屋顶的塑料花园，骨子里面都透着"假"。

业主希望达成的设计目标是：好用、好看、好玩，使用寿命在 100 年以上。

为了解决荷载问题，对建筑进行了加固处理。为了提升下沉花园的空间感，采用了板梁结构，让梁消失在板中，让立柱消失在墙体中，从而出现了一个干净、纯粹、空灵的空间。

屋顶上的花池抛弃了传统的类似于砖的挡土基础，像大自然中河床的驳岸石一样，既是挡土基础，也是别有韵味的装饰物，还原本真、宛若天成。为了实现恰当合理的比例关系，原石最大的

有8吨重、长3米多，所有石头都进行了"瘦身"处理，将最没"表情"的那个面全部掏空，状如空心的容器，倒扣放置展现出最美的一面，既营造了真实、自然的感受，又满足了安全荷载要求。"瘦身"的过程经过了严格的计算和把控，减多了太薄，在吊运过程中容易断裂；太厚又达不到"瘦身"效果。

为了满足作品传承100年的诉求，在材质上，地面采用了硬度很高的花岗岩、板岩和防滑耐磨、硬度上乘的意大利木

纹砖，立面采用了硬木、铜；电线是按航空用线标准在欧洲专门定制的，防腐蚀、防蚁、防老化、防辐射。所有石材底部都做了架空处理，为以后防水老化检修处理预留了空间，也体现了"好用"的设计宗旨。植物以长势缓慢的紫薇及桩头类的三角梅、石榴、茶梅、蓝梅为主，达到一种可控的效果，追求一种恒久之美；灌木也以长势恒定的有明显主干的植物为主，按照光照、风向、温度的差别进行栽植布局。

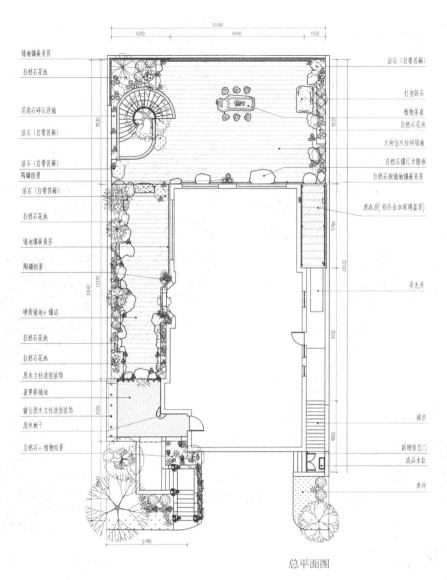

总平面图

图注（左侧，从上到下）：
铺地镶嵌青苔
自然石花池
花岗石碎石浮铺
活石（自带苔藓）
活石（自带苔藓）
陶罐组景
活石（自带苔藓）
自然石花池
铺地镶嵌青苔
陶罐组景
硬质铺地+镶边
自然石花池
自然石花池
原木立柱造型装饰
菱萝格铺地
窗台原木立柱造型装饰
原木树干
自然石+植物组景

图注（右侧，从上到下）：
活石（自带苔藓）
打坐卧石
植物茶桌
自然石花池
大块仿木纹砖铺地
自然石镶汀步踏板
自然石板铺地镶嵌青苔
洗衣房（铝合金加玻璃盖顶）
采光井
踏步
新增铁艺门
成品水缸
摩坪

—— 别墅花园 ——

绿城玫瑰园

花园面积：2000 平方米
设计师：贺庆
设计、施工单位：上海沙纳景观设计

在绿城玫瑰园的场地中，旧有植物比较稀疏，生长状态不太理想。本着尽可能利用场地原有植物和硬质景观的经济生态原则，沙纳将设计重点放在植物软装配植上，对其做最大化的丰富和调整，让花园可以焕发崭新的面貌，更好地衬托、美化建筑。

主体建筑属于法式风格，采取了对称式的规划布局，用直线方正的分割布局给人以稳定平衡、庄严大气的感觉。业主本人非常喜欢多花的浪漫花园风格，于是在植物的选择上更多地使用修剪绿篱与大面积的开花植物去保留法式花园的浪漫优雅，并格外注重植物设计的简洁以方便养护打理，表达出法式轻奢的现代庄园风味，更符合现代人节奏较快的生活方式。

保留入口处车行道两侧原有的樱花树被，同时在其下层增加大片白色的贝拉安娜绣球，形成一组粉白色系的浪漫配色，给人以清纯烂漫的氛围与遐想。绣球外围的修剪绿篱遮挡了绣球不太美观的茎部，让贝拉安娜可以尽情地展露出上方优雅饱满的白色圆球状花束。

沿着车行道前进来到花园的中心区域：一块干净整洁的草坪，四周洁净的石材铺装围合作为人行步道收边，使得整块草坪仿佛一块绿色的地毯，衬托出花园高贵的格调。

由于花园的主人是一个园艺爱好者，草坪外围的种植区采用了浪漫的花镜组合，宽度控制在1米左右，方便维护与打理。整体花镜植物颜色较为简洁素雅，给人安静平和之感。中央靠围墙的部分，摆放了三个一致的欧式水钵，形成对称式格局的中心焦点景观，整体景观的秩序感得到进一步的提升。

穿过草坪走上几步台阶，便进入了与室内厨房相连的休闲平台。一套浅绿、灰色中性配色的户外家具放置于此，主人就在略高的平台上可将花园美景尽收眼底，酌一杯清茶或是用上一顿丰盛的早餐都是一大乐事。简洁时尚的中性配色家具不易产生审美疲劳且易搭配，可在多种场景中重复利用，更加符合环保的理念。

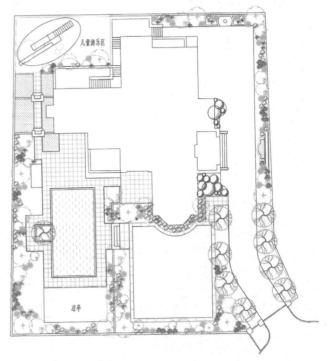

总平面图

沿着车行道来到建筑主体入口，活泼俏皮的韵律感扑面而来。大大小小的球形绿篱组合给人以愉悦的第一印象。这些球状组合不仅可以软化建筑线条，同时有着"圆圆满满"的寓意，十分喜人。入口台阶处则使用了颜色古朴的中性花盆组合搭配俏皮的几何体绿篱，营造了整洁干净又温馨的入室景观，挺拔的修剪绿篱仿佛是一个个温暖的管家静候于此，等待主人的归来……

整个案例几乎保留了全部的原始硬质景观，仅通过花园植物的升级改造和花园软装改造便达到了让花园焕发新貌的目的，在环保经济的基础上收到了让主人非常满意的效果。

───────── 别墅花园 ─────────

人至山水处，
寄情山水间

花园面积：1500 平方米
花园造价：280 万元
竣工时间：2018 年 10 月
设计师：翁靓
设计、施工单位：杭州凰家园林
景观有限公司

建一座园，就这样在此静谧之所享受最平淡的快乐，把生活写成诗，把日子唱成歌，把岁月装饰成最美的样子。

春来，亲手种下果蔬幼苗，看万物复苏，感受生命的活力；

夏来，在鸟语花香的世界里，与好友嬉戏闲聊，享岁月静好；

秋来，去扫落叶，在这硕果累累的大好时光里，收获最简单的幸福甜蜜；

冬来，去打雪仗，去堆雪人，去看银装素裹的世界。

项目位于会稽山国际度假休闲中心区内，东北与会稽山接壤，南临洄涌湖水系，原生态山水林地资源丰富，若耶溪环绕而过。四周被天然水系所环绕，景观资源可谓得天独厚。

放开眼界，敞开胸怀，徜徉于院落之中感受风云、水石、林木际会之妙。

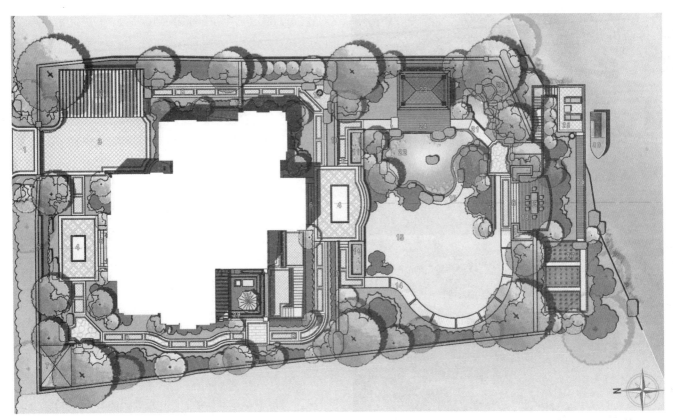

总平面图

庭园通过一系列空间变换到达主园，三进院落的视野收放变化，带给人们不同的感观体验。高差的变化营造出丰富的景观空间变化，庭园内的阳光大草坪是整个庭园的中心，结合地形、景墙、植物的搭配，通过曲折回环的园路把整体连接起来，使整个庭园具有通透、轻盈之感，塑造出由远及近、若隐若现的景观效果，以精细的景观手段完成了一幅美丽的蓝图。

寄情于山水之上，生活于山水之中。山水是中国人情思中最为厚重的沉淀，更是民族的底蕴。

一家人、一屋舍，堂前可植花草满庭，屋顶可览星月山水。白日里于繁华都市间忙碌工作，晚间回归山水自然，露台上看星光闪烁，庭院水景环绕，锦鲤鱼池倒映着树木花草，尽情享受生活的乐趣。高大的黑松、长满红叶的鸡爪槭，把庭园装扮得绿茵环绕。灵璧石的水池、砖雕的景墙，尽显大户人家的园林风范。

从古至今，人们对家的表达都离不开堂前屋后的院子，诗人们哪怕在穷困潦倒的时候也总要讲究这一方雅致，即便用烂篱破瓦也要圈出一方自己的闲情快意。"采菊东篱下"，如果没有这东篱又哪来见南山的悠然自得呢？

偷得浮生半日闲，静坐庭前细品茗，想来就是这样吧。

———————————— 别墅花园 ————————————

CBD 高尔夫别墅

花园面积：601 平方米
花园造价：100 万元
竣工时间：2017 年 8 月
主案设计师：冀静
设计、施工单位：北京集景云成园林工程有限公司

该项目位于北京朝阳区 CBD 高尔夫球会别墅区内，为独栋花园别墅，庭院面积 600 平方米，东西两侧较窄，主要活动区域在南侧，南侧庭院自身条件优越，毗邻河水，对岸是常年景色优美的高尔夫球场。

由于男主人业余爱好是打高尔夫球，身边诸多有此爱好的好友，因此对岸的高尔夫球场的景色是设计打造中考虑的重点。同时设计师在前期沟通时了解了花园主人家庭成员的喜好以及对自家花园的想法：男主人的父母想在院子里开辟一片菜园，家人们想一起在院子里烧烤、聚会，要有孩子玩耍的开敞空间。明确了家人对花园的需求之后，确定了以现代风格作为主打，接下来我们展开了设计实践。

基于以上设计思考，设计师最终打造了这样一个简洁、舒适、美观并且充满生活幸福感的院子。

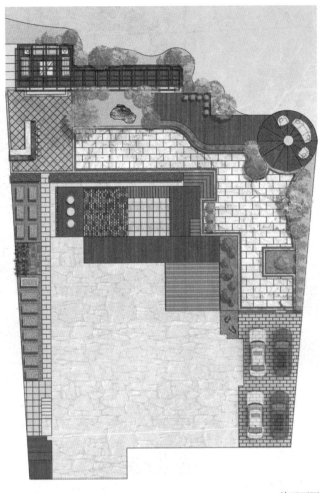

总平面图

花园入口位于西侧，配合整个院子的氛围设计了金属与木质相结合的院门，踏入院子，便展开了一段与小区美式风情截然不同的游园旅程。入院是一块具有禅意的空间，映入眼帘的是一段具有律动感的金属屏风，前方是造型优美的植株。

南院的设计重点便是沿河的一道走廊，漫步廊中，一侧是潺潺的流水、绿意盎然的草坪、随风起舞的垂柳；一侧是浪漫满满、娇艳欲滴的蔷薇花园。

廊道两侧是休闲区，西侧是一处圆形观景台，在这里搭配以圆形组合的户外沙发和大幅阳伞。利用软装的蓝色作为庭院的跳跃色，是活跃空间的点睛之笔。

沿河廊道临近建筑一侧是一道绿化屏障，尽览对岸美景的同时，又能保证私家庭院的私密性。

院子东侧是为男主人的父母打造的私家小菜园，通过一道小拱门，便可体验一番田园野趣。我们在拍摄时，恰逢小辣椒的丰收，在场所有人无不艳羡这样的生活，无不感慨这就是生活。

—— 别墅花园 ——

山涧园

本项目坐落于浙江义乌，整体庭院面积为 400 平方米，风格定位为美式自然。院子分西院和南院两个部分：设计主要集中在西院内，园中两个休闲区以特色石材阶梯式铺装连接；南院以草坪和石材铺装为主，配以特色植物。

花园入口处，设计了一扇木格栅小门。推开小门，就能看到修剪得非常得体的草坪与灌木，以及用细沙铺成的儿童活动区域，自然而又随意。"慵懒"的午后，在廊架下喝喝咖啡，放松一下身心，或者晒晒太阳睡个午觉。

整个庭院使用简洁而内敛的材料组合——木料、石材、混凝土等，很好地衬托了该庭院的实际环境。用特色石材（黄木纹板岩、老石条、宫廷黄地表石、野山石）所堆积而成的阶梯，让花园主人漫步于台阶上时，能在自然的气息中体会到温馨舒适的感觉。

庭院色彩以自然色调为主，绿色、土褐色最为常见，充分显现出美式的天然味道。该花园种植了矮婆鹃、紫鹃、五色鹃、菲油果、小丑火棘等特色植物，这些植物在各个角落里自由烂漫地生长，尽情绽放，形成了独具魅力的美式自然风格。

花园面积：400 平方米
竣工时间：2018 年 6 月
主案设计师：张健、伍琨
施工单位：上海苑筑景观
　　　　　（One Garden）

效果图

———— 别墅花园 ————

无添加庭院

花园面积：330 平方米
花园造价：20 万元
竣工时间：2018 年 4 月
主案设计师：文乔
设计单位：朗诗绿色装饰无添加
小组
施工单位：南京庭院家景观工程
有限公司

无添加住宅位于浙江湖州长兴朗诗研发基地，是朗诗绿色装饰与日本无添加住宅合作建设的国内第一栋无添加住宅。"无添加"是指在建设过程中不使用化学黏合剂、化学成分材料等对人体有害的建筑材料来建造房屋，号称"可以吃的房子"。

无添加庭院在设计之初，立意将日式景观元素、当地风情以及绿色设计理念相结合，营造出亲切自然的无添加景观风格，以契合无添加住宅"世界上最接近自然的家"这一理念。庭园于建筑内庭设置宜"静观"的枯山水景观，外围景观适当点缀日式景观小品如石灯笼、手水钵、竹灯等，共同营造出动、静两相宜的游园景观路线。

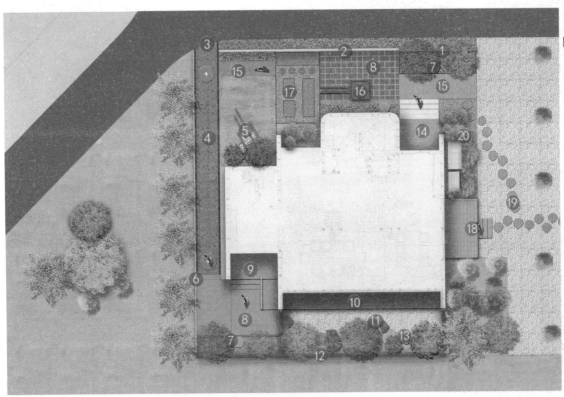

图例：

1. LOGO垒石景墙
2. 无添加壁材景墙
3. 无添加入口
4. 樱花小径
5. 入口组景
6. 篱笆围栏
7. 入口对景
8. 休闲平台
9. 入户平台一
10. 观景木平台
11. 枯山水组景
12. 竹制围墙
13. 流水摆件
14. 入户平台二
15. 园路
16. 雨水收集池
17. 有机菜地
18. 木平台
19. 汀步
20. 竹林

总平面图

—— 别墅花园 ——

河南中式古典园林

花园面积：约 3000 平方米
主案设计师：范红军
设计助理：刘海燕
施工单位：和汇澜庭工程部

庭院整体仿苏州园林修建，力求在中原腹地打造一座婉约秀美的江南水乡式庭院，其道路、建筑、景观、绿植，皆围绕这个主题。庭院以水为主线，富于变化的水系贯穿整个庭院，将两个不同区域的前庭与后院联系在一起。

自侧门入前庭，前庭开敞，植物繁茂，草木间有曲径通幽。林中有凉亭临水，水上有拱桥，水尽处是回廊，若觅源头，需推门而入，门后亭廊水榭、绿树红花，又是一番风景。

前庭与后院之间以回廊相隔，后院水体面积约占总面积的 1/3，水系营造遵循中式古典治水手法，讲求藏与露。水面开阔处，倒映亭廊水榭、青瓦白墙；水面狭窄处，如小溪穿廊而过，水声潺潺。或宽或窄的水面围出绿岛一座，岛中有石成山，有径曲折，有桥凌架于水面，树、花、山石皆为障景，绕岛而行，入目皆是不同风景，身处绿岛竟不知此地为岛也。

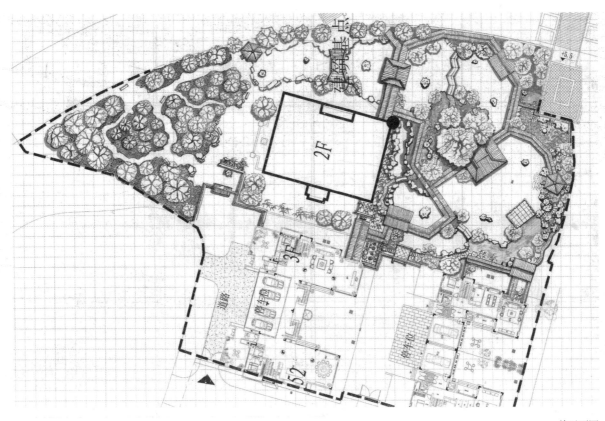

总平面图

自中门而入，沿小径过照壁向右，视野豁然开朗，水面波光粼粼，池边山石嶙峋；水上石桥蜿蜒成趣，水中桃李倒影灼灼，水下锦鲤优哉嬉戏。

回廊绕后院而建，随人造地形或起伏，或蜿蜒，廊内隔墙将岛和岸隔出不同区域，墙上有花窗，令风与景相通。环水而建的大量回廊，既为连通，又为阻隔，内敛湖光山色，外拒纷纷扰扰。

回廊起处为凉亭，亭在高处，可观半园风景，拾级而下穿廊而行，只见白墙前红枫翠竹如画，窗洞后山茶红梅成景。步步成景，景随步移。入夜后，灯笼高悬，池面倒影斗拱飞檐，灯火与夜空相映成趣。而此时，墙外夕阳西下，寒鸦归巢，墙里却是灯火通明，风光正好。晴日，白杏粉桃各自妖娆；雨时，翠竹芭蕉如乐轻敲。冬日，白雪皑皑难掩竹木丰茂；夏日，莲叶田田透出碧波滔滔。

回廊间有轩榭。茶轩与绿岛相对，其左青瓦白墙，绿树成荫；其右石桥蜿蜒凌波，桃李水中顾影。水榭建于绿岛，临窗眺望，其左有怪石垒叠成山，山上有凉亭，亭下有瀑布；其右有石桥架于水面，桥畔有半池荷叶，鱼戏荷叶间；居中有戏台隔水相望，揽半园美景入窗。

回廊之外有隔墙，白墙连山，阻世俗纷扰；碧水绕廊，洗心中微尘。

　　师法自然而成的水系与廊、亭、轩、榭等仿古建筑组合，令庭院每一处风景全然不同。大量窗洞与轩窗成为庭院之画框，框出一幅幅如诗如画的风景。一段飞檐或者一枝红杏，皆如大师画作般令人心旷神怡，而这画作绝不会雷同，不同季节、不同天气、不同心情、不同角度下，它都是一幅新的作品。这便是古典中式庭院的妙处了，风景与你，百看不厌。

———————— 别墅花园 ————————

远洋奢华别墅花园

花园面积：800 平方米
竣工时间：2018 年
主案设计师：刘冀蜀、徐华
施工单位：北京易束景观绿化工程有限公司

花园主人经常接触世界各国顶尖的酒店园林，也许是见得越多，越要做减法，所以设计师和业主沟通后把花园的基调定为简约风格。此外空间布局也要梳理得很流畅，高差处理也要符合整体院落的逻辑，并且园林与建筑主体还要融合和渗透。业主还要求材料干净清爽，饰面材料不一定是多贵重的，但属性一定是符合整个设计基调的。最终我们做到的效果是：花园简洁明快，设计感强；视野开阔，同时又大中见小，小处细腻精致，大处气势恢宏。

这个花园是一个下沉的北花园，在花园的西侧离建筑较近的区域，我们设计了户外厨房和户外会客厅，这一区域由两个钢＋铝＋木结构的廊架组成。其中为了满足业主多人次聚会的要求，我们的户外会客区廊架跨度达到了 10 米，为了保持整体风格的大气统一，廊架中间没有设计支撑的柱子。另外廊架顶上为了遮雨，需要覆盖一层钢化玻璃，这给后期的施工增加了难度。经过设计师和施工人员的反复论证，解决大跨度的结构问题，最终这个方案完美落地。

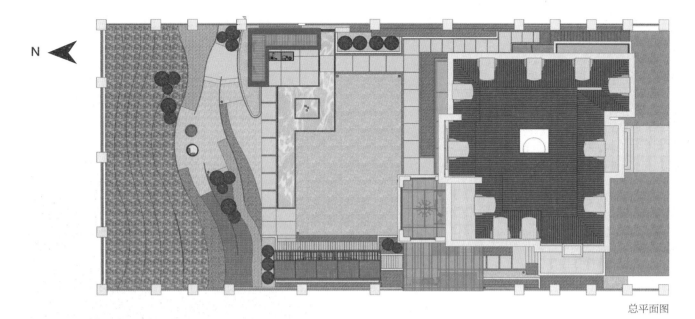

总平面图

花园的中间区域是一个镜面水池，镜面水的源头是一面流水景墙。镜面水的设计，既要满足孩子夏日嬉戏的需求，又要与花园的整体风格相协调，还要考虑北京冬季水池排水后的旱景效果。综合考虑后，我们把镜面水设计成了10厘米高的水面，水池内壁饰采用黑金沙激光雕刻水纹的方式，冬季旱景景观效果依旧很好。

花园的北面原来是一个高差近3米的土坡，我们利用耐候钢板把挡土墙分成不同高差的花池，以前设计师在设计中，习惯保留耐候钢板上的锈迹，但在这个项目上锈迹的颜色以及腐蚀的质感，不符合场地整体的基调，漆面处理就成了一个要解决的主要问题，经过反复论证，最终我们选择了汽车喷漆的技术处理，把原本粗犷的材料变得很细腻。

───── 别墅花园 ─────

南京玛斯兰德羚羊谷

花园面积：约 510 平方米
花园造价：约 45 万元
竣工时间：2014 年 5 月
主案设计师：陈洪松
助理设计师：赵丹丹
设计、施工单位：南京艺之墅园
林景观设计有限公司

设计前向业主询问了建筑内部整体布局，结合主人的室内常待区域，合理布置景观，做到室内外都有景可观。餐厅推门出来我们做了一块大面积硬质铺装，做成休闲空间，既可约三五好友欢聚于此，也可对影独酌，怡然自乐。铺装前是开敞的草坪空间，这样加大了庭院的空间感，视线前方又设计了木格栅拱式屏风，空间上没有遮挡视线的突兀布局。简美自然的风格，明亮又恬静，植物以比较自然的种植方式围绕在围墙

周边，增强了花园的律动感，合理的线形配置引导并延伸了人们的视线。

餐厅出门的右侧层级花坛增加了建筑周边的丰富感。花坛尽头我们设置了单边廊架（便于葡萄爬藤）结合操作台，围墙边种植各类果树，漫步于此，花香、果香弥漫，采几个果子，心境悠然再无他。餐厅出门的左侧靠近建筑，利用植物创造自然感。沿着卵石汀步路缓缓而行，便到达另外的休闲平台，颇有几分"曲径通幽处，禅房草木深"的自然意境。

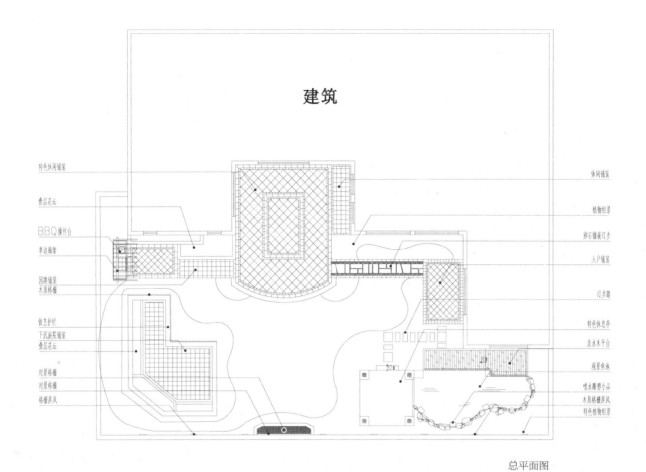

建筑

特色休闲铺装
叠层花坛
BBQ操作台
单边廊架
园路铺装
木质格栅

铁艺护栏
下沉庭院铺装
叠层花坛
对景格栅
对景格栅
格栅屏风

休闲铺装
植物组景
卵石镶嵌汀步
入户铺装

汀步路

特色休息亭
亲水木平台
观景鱼池
喷水雕塑小品
木质格栅屏风
特色植物组景

总平面图

所谓"无水不成园"，我们将庭院的主要景观——水景结合凉亭设置在庭院的东南角，此处是内部住宅活动最多的空间——客厅及活动房，为向外看出的视线聚焦地。小憩于此，听叠水潺潺而落，看锦鲤自由嬉戏，流光弄影，水清琴幽，花开花落，云卷云舒，生活的所有压力在此消散。岸边植物配置精细考究，生动的水景小品、芭蕉与景石搭配在一起，有如微缩的自然山林。置身其中，宁静质朴，又不失活泼。整个一层庭院犹如一幅山水绘画，将水、石、木、花等元素置于其中，为园主营造了可憩、可动，以及可独处、可欢聚的意境空间。

—— 别墅花园 ——

胶河花园

花园面积：460平方米
花园造价：土建40万元；苗木
　　　　　5万元
竣工时间：2018年4月
主案设计师：安俞羲
设计、施工单位：青岛怡乐花园
装饰工程有限公司

这座花园坐落于高密市胶河河畔，是业主特意为年迈的父亲打造的。选择了中式传统园林与现代简约相结合的花园风格。在制订方案前期，通过与老人的沟通得知，他退休前的繁忙工作虽丰富了人生阅历、积累了宝贵的经验，却一直无暇享受归园田居的生活，很是遗憾。

花园以"格心静语"为主题思想的，希望在这个世事纷扰、欲望蔓延的世界里，有一方净土可以让老人回归生活的宁静。一杯茶、一卷书、一支笔、一炷香、一首曲、一弯明月、一阵清风……以清净之心养生，心必快乐，身必健康，岁必尽天年。

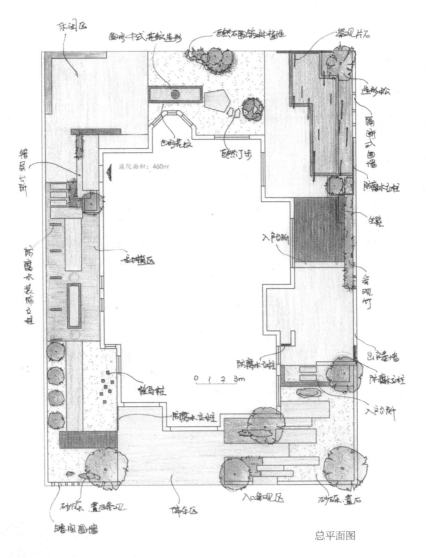

庭院面积：460m²

0 1 2 3m

总平面图

———— 别墅花园 ————

太湖锦绣园

花园面积：300 平方米

花园造价：35 万元

竣工时间：2017 年 12 月

主案设计师：罗践

设计、施工单位：无锡耐氏佳园艺有限公司

花园设计和室内的空间布局是有紧密联系的。

室内的东侧是厨房和餐厅。餐厅有一片大的落地玻璃对着花园，那时我就在想，若从窗内能看到外面盛开的紫色高山杜鹃，那是多么美啊。于是，我的设计构思开始了。

首先，别墅建筑为法式风格，花园的风格应对建筑风格有延续性。

其次，客户非常热爱园艺种植，技术也比较高超，为我们布置一些精品的植被提供了条件。

第三，客户崇尚花园生活，希望在花园里进行餐饮、休闲、宴请等活动。

第四，客户希望法式风格和现代元素巧妙地结合，既要法式的优雅，又不希望那么繁复。

为了方便客户的生活，我在餐厅的门口区域，布置了花园餐厅和花园客厅两个空间，餐车可以直接从室内厨房推进花园。这块花园地面适当抬高，对南面的大花园一览无余。餐厅的廊架，结合建筑外立面，用法式的石柱顶起白色的木质"刀片"。我本打算架设玻璃用来防雨，但出于尊重客户将来想在此种植紫藤的意愿，所以取消了玻璃的安装计划。

客厅部分，配置了舒适的户外沙发和防水电视机，非常实用。早上，客户在花园里修剪花草、品茶、看新闻。夜晚，可以坐在花园里欣赏世界杯。餐厅与客厅的中间位置是一个小的岛台，配置了电源、台盆柜体等设备，满足了烧水、饮茶、烧烤等活动需求。

经过汀步路面，进入几何形的南部大花园。门前场地开阔，日本北海道黄杨居于水面之上，大气而舒展。西南角种植了一棵很大的胡柚树，寓意"无忧"，在胡柚树下设置了一个小的茶歇区域，与东侧的餐客区域形成对景，越过粼粼的水面，相映成趣。

设计元素上，我们在布局上尊崇了法式花园"对称"的庄重仪式感，配合球形灌木、白色的石材、挺立的圆柱、盛开的花卉，营造法式浪漫的氛围。石材的处理上，以海棠角为主，摒弃啰唆的线条，简洁明快。选择了现代风格的电视机、家具。草坪选用了矮麦冬，虽在视觉效果上不如矮生百慕大，但非常便于打理，四季常青。举目环视，视感上浪漫、清新，而应用体验上实用、方便、简洁。

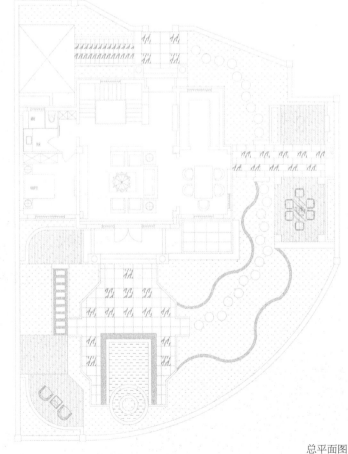

总平面图

南面北海道黄杨下面的水池为双层跌水。名贵的黄杨就像漂浮在水面上，扇形的流水无声地滑落至大水池。大水池做了无边框设计，边缘斜贴，水池满的时候，水便溢到周围的水沟。静置时，大水池和小水池就像一大一小两个镜面，映照着天空。开启时活泼，关闭时静谧，从客厅的窗户望出去，花园呈现了两种美丽的效果。

别墅花园

禅意花园

整个别墅庭院似长方形，较为规则，总面积约 180 平方米。在北方与南方地区设计花园的最大区别和难点在于植物的搭配。南方的花园施工后很快就看到植物与景观的融合，北方则需要一到两年甚至更长的时间去精心打理，才能看到植物与景观相融的景象。

这个项目是几年前施工完成的花园，其中的景观小品和铺装略显陈旧且有些磨损，但要感谢花园主人的执着与热爱，让这座花园脱颖而出，显得更加与众不同。经过几年的打理，在北方鲜少能找到这样精致的花园，围墙、廊架、水景每一处小品都能与植物很好地融合。

在花园设计上，通过与男主人的交谈，发现他向往田园生活。而他的办公室是满满的中式风，男主人也并不掩饰自己对于中式风格的喜爱。在一轮轮的探讨中，我们把花园的风格定位为现代中式与田园式的混搭风。设计中，打造人性空间的同时又满足了功能需求，庭院是一个非正式交流场所，除了具有良好的可进入性，还有足够的活动面，是一个能让人驻足，而又可随时借景而转移话题的自在、轻松的自由空间。

各功能分区明确，分区既可以成为一个个相对独立的景观，又通过连贯的游览路线而成为一个有机整体。整个花园集休闲、游览、娱乐功能于一体，为家居生活带来无穷乐趣。

花园面积：约 180 平方米
花园造价：约 23 万元
竣工时间：2015 年 9 月
主案设计师：甘净
设计、施工单位：沈阳森波园林工程有限公司

───── 别墅花园 ─────

棕榈泉花园

该项目的原始条件分为前院、露台、后院三个区域，高度依次下降，最大高差 7 米。

设计的主要难点体现在空间处理上，因场地块面太多并各自独立，空间相对零散，且地形复杂高差较大，不易整合，如无便捷交通，容易影响使用。

基于以上问题，设计师以场地特质为参考，为不同块面赋予了不同的使用功能，并用楼梯将各块面衔接起来，保证了各块面之间的交通流畅，同时也避免了交通设施对场地的破坏。

整个设计方案中，花园第一层为入户前院，以干净整洁为主，利用山石点缀营造自然禅意，与水相映，自成一景。这一区域视野开阔，远景优质，因此设置大平台，既能借景，又能满足休闲、聚餐等功能，利用平台中的庭院形成简洁的写意山水，让整洁的环境中充满自然的意趣。

花园负一层为活动露台，整洁开阔的空间提供了多样性的活动选择，另外在阳光明媚的时候俯瞰下层趣味无穷。

花园面积：700 平方米
主案设计师：叶科
设计、施工单位：重庆和汇澜庭

花园负二层为后花园，以水系分隔花园边界，同时用郁郁葱葱的绿化虚化花园边界，让人遐想不已，腹地开阔的草坪诉说着悠闲，角落的花树反映出四季的交替。在水面筑一亭台，使得花园无论晴天还是雨天，都能让主人游览其中体味不一样的风情景致。

1. 花园入户门
2. 停车位
3. 趣味通道
4. 跌水景观
5. 景观亭
6. 休闲露台
7. 梯步
8. 阳光草坪
9. 流水驳岸
10. 观景亭
11. 交通栈桥
12. 花境

总平面图

杭州钱塘山水

　　该项目位于滨江之江大桥附近钱塘山水小区内，呈平行四边形布局。业主在美国生活多年，喜欢清爽并且现代的风格，并要求庭院内具有游泳池、烧烤台、廊架、休息平台、大草坪等功能区域。由于现场遗留较多较大的树木，于是我们根据树木的位置以及业主的要求进行了布局设计。

　　由于种种原因，该项目最后取消了游泳池，由下沉式草坪替代。这样既让平整的场地产生高低层次的变化，同时也呼应了院内绿篱高低错落的视觉变化。因为项目位于小区道路转弯处，来往车辆较多，而且紧邻公共绿化区域，四周杂乱且私密性不佳。结合现代风格，我

们用竹木作为材料，以高篱笆作为统一边界，初步呈现出整体性较强的边界围合感。此外，我们保留了两棵原生态大香樟作为两边角的压脚树，以桂花或者红枫作为过渡。入口保留了一棵冠幅较大、较好的无患子，这样形成的入口框景效果，可使外侧看庭院时有一种进深感。边界竹木、高绿篱通过常绿及落叶亚乔的过渡变化，在丰富立面层次的同时，又使边界在视觉上产生层次感。一棵大红梅刚好位于人形入口处，若在冬季落叶时节，业主、客人一进门便可看到意外的惊喜，也给院子增添了喜庆热闹的氛围。红梅下方栽植了 3 棵棒棒糖形状的绿植，既作为对景，也作为对现

花园面积：475 平方米
花园造价：约 65 万元
竣工时间：2018 年 10 月
主案设计师：陈俊豪
设计、施工单位：杭州木杉景观设计有限公司

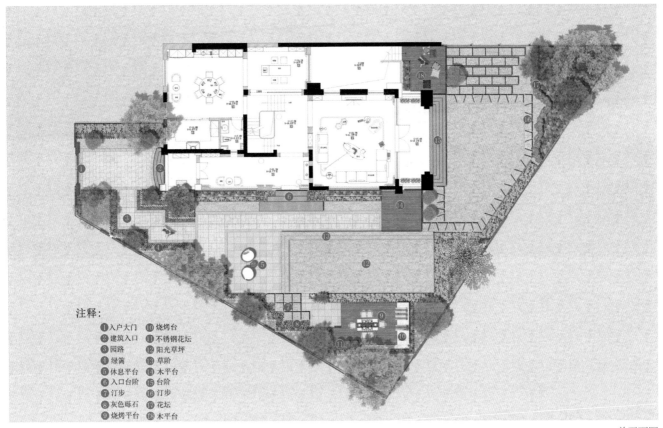

注释：
① 入户大门　⑩ 烧烤台
② 建筑入口　⑪ 不锈钢花坛
③ 园路　　　⑫ 阳光草坪
④ 绿篱　　　⑬ 草阶
⑤ 休息平台　⑭ 木平台
⑥ 入口台阶　⑮ 台阶
⑦ 汀步　　　⑯ 汀步
⑧ 灰色砾石　⑰ 花坛
⑨ 烧烤平台　⑱ 木平台

总平面图

代风格最好的诠释。

烧烤台位于建筑东侧的大香樟树下，借助自然植物，既闻香又遮阳。烧烤台也临近草坪，位于草坪边界尽端，这样可使业主、宾客们在烧烤时的互动氛围达到最佳，草坪和烧烤台的使用率也能达到理想状态。

建筑西北侧保留大香樟，与建筑连接处以大空间草坪作为视线的过渡，从建筑向外可见一绿化组团，以20厘米高

的自然毛石作为边界加以柔化。毛石挡墙内部种植观叶、观花的植物，打造四季常绿的花境效果。在不同季节，用不同色彩来将该处较暗环境提亮，从而将劣势改成优势。现场绿化以高矮绿篱为边界，从建筑室内往外看强调横向线条及其高低变化，这样可以让庭院协调又清爽，同时统一的浅咖啡色墙面背景让整体景观效果既温馨又大气。

济南绿城玺园

花园面积：180平方米
花园造价：约28万元
竣工时间：2018年10月
主案设计师：王清岩
施工单位：青岛怡乐花园装饰工程有限公司

项目位于济南市绿城玺园，米黄色的建筑与周围山体紧密结合，小区内每家每户都是高墙大院，保证了生活的私密性。花园主要分为东侧廊亭休闲区、水景观景区、入户铺装区、西侧休闲区这四个功能分区。

东侧廊亭休闲区以廊架为主体，深色的廊架，简洁的造型与整体的布局形成呼应，廊架的高度和体量都相对大一些，目的是凸显花园的主体，与旁边的水景呼应，人们在喝茶、看书、聊天的时候，既能听到水流的跌落声，又能看到水景的画面，别有一番风趣。

水景观赏区的设置主要考虑了两方面。一方面，水景离休闲活动区比较近，且这里通过一道入户门，正对着室内客厅，即使天气不好，也能透过门窗看到花园的美景，门口恰好形成框景，一举两得。另一方面，采用三层跌水的形式，缓解墙体的视觉高差，增加跌水的空间层次，增强立面效果。墙体部分的水景墙，整体组成一个框景。里面做了两组片石山水的感觉，上下对称，中间设计了流水，流水运行起来，经过下面的一组片石，下面一组如同上面那组的水中倒影，山水延绵，泛起的水花激起层层涟漪，形成一幅山水画卷。

入户铺装区的面积较大，夏天的时候可以放置移动的儿童游泳池，既能满足家里孩子们的需要，也便于移动和调整位置，方便后期打理。

西侧休闲区设计了单臂的廊架和组合式种植池座椅，不但缓解了西墙的视觉高差，也可以种植一些攀爬类的植物，起到遮阴效果。天气好的时候，一家人可在花园里植树、浇花，享受悠闲的庭院生活。庭院内绿植的配置，高低层次错落有致，仿佛一幅动态的画卷，不但给人以视觉上的开阔感，还可以放松身心。

道路的铺设并不复杂，绿草坪的配置显得格外完整。最有趣味的当属石钵小景的设计，淡雅中带有几丝古风，增加了花园的灵魂，让人感受到时光与水在静静流淌。石灯中闪烁着的那一抹微微光亮，给即将到来的冬日带来了温暖。夜晚之时，更显温暖洋溢，打开了家里的第一盏灯，好像照亮的不只是院子，还有心扉。月光之下，烟火之中的浪漫，是岁月的痕迹。

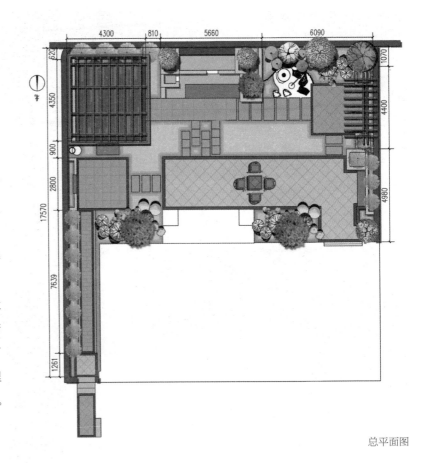

总平面图

别墅花园

八里台花园

花园面积：240 平方米
花园造价：75 万元
竣工时间：2018 年 10 月
主案设计师：侯帼瑛
设计、施工单位：天津尚庭景观设计有限公司

这个院子的前身是一个房地产样板间，由于展示效果远远大于实用效果，委托人执意全部重新改造。在我们接受委托之前，委托人已经拒绝了几家设计单位的方案，机缘巧合地遇到了我们后，历时不到三个月，院子换了一个全新的面貌。

院子总体分为三个区域：北侧入口区域、西侧过道区域和南侧休闲花园。我们在设计时根据使用功能和日照条件的不同进行了差异化设计，结合每一区域的场地实际情况，将每个区域打造出自己的特色，整体上用材质与设计元素互相协调，形成统一感。

北侧入口区在平面上以直线形勾画出道路、硬质铺装和种植池。在这一区域中，由于缺乏光照，硬质景观是主体，从功能和景观效果角度考虑，我们在几个方面做了节点设计。

西北侧设计了一处紧靠围墙的休息空间，与流水景墙相邻，设置了木质坐凳，营造出轻松惬意的休息场所。

南侧的花园是整个庭院的活动中心，面积最大，但由于场地下面是地下室，并且无法覆土，所以我们在这一区域设计了一处宽大的木平台，石材踏步与木质铺装相契合，为这一方空间增添了灵动与趣味。

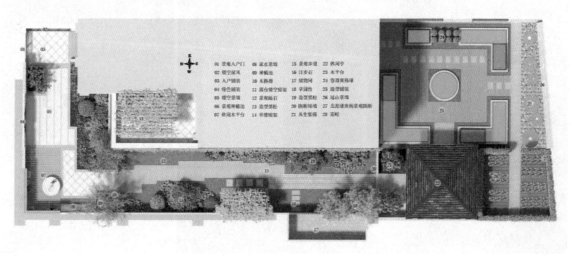

总平面图

别墅花园

青岛星河湾

花园面积：400 平方米
花园造价：60 万元
竣工时间：2018 年 6 月
主案设计师：严金贵
造园单位：青岛怡乐花园装饰工程有限公司

该项目为海景别墅花园，位于青岛市城阳区环湾大道旁。花园的主要用途是休闲和招待客人，主要功能需求是喝茶、养锦鲤、种菜、养狗、露天聚会。

花园属于后花园，与室内的客房和茶室临近，在考察现场后，通过与业主的充分沟通，我们将院子分为四个区域：锦鲤观赏区、出户休闲区、植物草坪区和烧烤菜地区。

锦鲤池位于院子的西南角，占了庭院面积的 1、4，深 2 米有余，清澈见底。

青松映衬着假山，碧水潺潺，锦鲤在水中跳跃追逐。一棵静静生长的古松，配以一汪静谧的水池，此情此景，恰恰应了一句诗"深苑庭水溪，残阳卷尘来。锦鲤相嬉戏，空若无所依"。池边的景石来历不凡，是我们同业主一起跋山涉水，精心挑选的河滩石。取于自然，用于自然。景石交错叠放，石丛中隐约露出两盏石灯。依池而建的观景平台，视野开阔，暗藏玄机，锦鲤池专业过滤设备隐于木地板下。

池旁的花境绿地上点缀着一条飞石汀步，宽敞的绿地可让孩子们在此追逐嬉闹。绿地四周，植物搭配错落有致，暖阳当空，清风徐徐，碧波微漾，四季变化，暗香幽来。草坪周边花丛之中，隐约显露两块平坦的置石，空气清新的早晨，独坐其上，或打坐静心，或捧书阅读，或聆听不远处的海浪声。

茶室外有一休闲木平台，闲暇时泡一壶好茶，约三五好友观全园景色，甚是惬意。平台旁的景墙、石鼓增添了几分韵味。建筑拐角处相对避风，这是狗狗的天地。客房窗前，造型黑松配以瓦片、砂砾、置石、石槽。从客房望出去，由近及远，近景、远景充满了整个视野。

后院的菜地，种植了可供一家人品尝的天然绿色蔬菜，闲时可种菜松土，享田园之乐。墙外车水马龙，院内悠然闲逸，花园承载着对生活的所有期待。

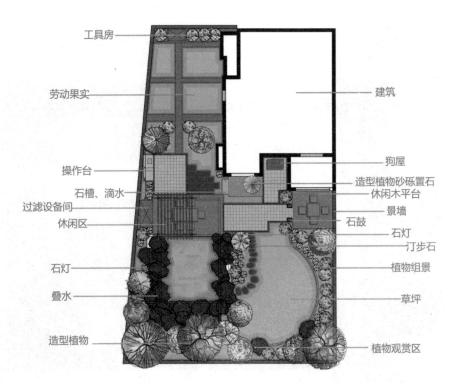

工具房　　　　　　　　　建筑
劳动果实
操作台　　　　　　　　　狗屋
石槽、滴水　　　　　　　造型植物砂砾置石
过滤设备间　　　　　　　休闲木平台
休闲区　　　　　　　　　景墙
　　　　　　　　　　　　石鼓
石灯　　　　　　　　　　石灯
叠水　　　　　　　　　　汀步石
　　　　　　　　　　　　植物组景
造型植物　　　　　　　　草坪
　　　　　　　　　　　　植物观赏区

总平面图

别墅花园

龙猫花园

花园面积：220 平方米
花园造价：33 万元
竣工时间：2018 年 6 月
主案设计师：董子楠
设计、施工团队：沈阳森波园林
摄影：闲灯

改造之前，基础设施布置不理想，有各种样式的简易"棚架"和零碎收纳物品，不难想象主人对院子愈发"失控"的无奈。对他们而言，经历几年的花园生活，终觉有土无花、有园无趣，体验感太差。

幸好花园里的那些趣味小细节和充满情怀的小心思，让设计团队找到改造的突破口。经过梳理，整个花园工程改造的方案逐渐清晰。

完工后的花园清爽整洁，每个成员都能在花园里找到自己的一片天地。或许，花园的改造不仅在于成功改变其面貌，更重要的是将一种全新的生活方式悄悄浸润在每个人心中。

现在花园主人喜欢与大家分享花园里的点点滴滴。小朋友成了勤劳的小园丁，萌宠肆意奔跑。午后的暖心下午茶、傍晚的花园聚会，一切都是那么静谧安然。幸福的花园生活，就是要和喜欢的一切在一起。

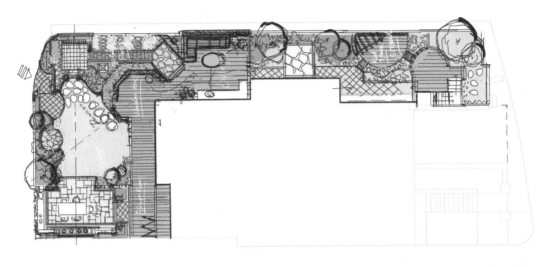

总平面图

別墅花园

银都名墅

花园面积：135 平方米
花园造价：60 万元
主案设计师：吴倩倩
设计、施工单位：上海无尽夏景
观设计事务所

花园有很多种，这座花园的主人偏爱简洁干净的院子，只要一片干净的铺地、一处潺潺的水声便能营造整个花园的氛围。花园比较小巧，且高差较大，结合了主人的要求，将设计定位为现代简约的风格，主色调为深灰色与暖咖啡色。沿着小径走到门前，推门而入，眼前是沉静的色彩，暖白色的光映衬着深邃的地面散开。侧院小径的末端即是主人爱犬的小屋，在植物丛中不显得突兀。旁边花坛的侧面增加了一个小水栓，既

方便清理犬舍，又可以提供临时用水。

花园主要活动区为南院，设计师将出户区域扩大，地面延续了出户平台的铺装，一直延伸至对面的花坛、水池，显得富有整体感而大气。花园里台阶的踏面和水池中的汀步都选择了米白色，与大片的深灰色形成对比，一是为安全考虑，二是显得花园活泼不呆板。花园的亮点就在于南院的背景墙面与这一汪水池了。由于原先的围墙贴面不能拆换又不美观，于是采用了锈板与铝管木纹

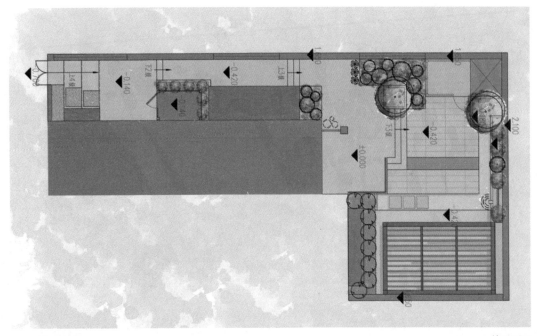

总平面图

转印的结合，将原来粗糙的质感变得细腻，结合球类植物和耐阴的蕨类、矾根、凤尾兰等，营造静谧又舒适的氛围。水池虽然窄了一些，但给这个充满硬线条的花园带来了几分灵动。花园的深处便是休憩区，两边是朋友送的两个白色的盆器。在这里可以闲坐，听着水声，看看院子，很是惬意。夜晚降临，历经一天的疲惫之后享受花园的美景，享受与自己独处。

花园的植物以常绿的球类植物、耐阴植物为主，比如绣球、百子莲等，下面铺上干净的火山岩颗粒，整洁易打理，摇曳的水生植物也为静谧的水池增添了些许灵动。

别墅花园

英庭名墅

设计师说："我研究每一种材质，从自我的感知到环境，我都试图完整了解。大海卷起波浪，但波浪终会回归大海而存在于无形。大海中既有水的灵动，也有风的鼓吹，而风，在又不在。家同海一样，更像一种情绪的展现。那么情绪是什么？归根到底，设计需要融合的是人的思想，是一种生活方式和态度。"

从大门进入看到的天蓝色，是花园前院的点缀色，它使整体环境不再沉闷。家具的线条柔和，简约却不简单，反而有更多的可能性。将砾石与直线形铺装相融合，柔化了铺装本身的坚硬感，也能做成收水的设施，避免了水电外露的不良视觉效果。前院内还有一棵造型树和几块汀步，即使是小小的地方，经过悉心地雕琢，便能享受悠然自得的生活。

树木形状的背景墙是耐候钢加云石板做成的一块发光的板，既能在夜晚烧烤时烘托气氛，也起到照明和装点夜景的作用。发光板的旁边是一道木质景墙，选取的防腐木自然环保，防腐防霉，刷上木油后，外表色彩统一美观。用叠加的方式把防腐木与灯带随性堆砌在墙面上，参差不齐的视觉效果让人眼前一亮。木墙下是一水景，利用鹅卵石来过滤流水，水在流入底部蓄水池后，通过水泵来循环，木平台与水池的拼接做得非常细致。

花园面积：190 平方米
设计师：马克·朱
设计单位：东町造园

复地御西郊花园

花园面积：180 平方米
设计师：马克·朱
设计单位：上海景观设计工程有限公司
主要建材：树木、花岗岩
主要植物：造型松、枫树、南天竹、千峰草

本案例位于上海市长宁区复地御西郊，业主提出主体风格为简约而不失格调。置身花园中能享受宁静，整个花园以白色和灰色为主色调，淡雅清新的禅意风格注重与大自然的融合，装修的材料以自然界的原材料为主。

改造前的花园，面积还是很大的，但是因为长时间没打理的缘故，杂草丛生，缺乏景观观赏性。另外业主希望花园能有一个储藏空间。

没有复杂造型，没有绚丽色彩，有的是木头的温软、水洗石的粗糙、潺潺流水的清爽。富有禅意的水景，不同于一些气势恢宏的喷泉，这个小水景更加低调内敛，水池周边采用了无边水池的做工，润物无声，任世间繁华，我独自逍遥。照明设计展现了池底的材质，底部的肌理通过安装在接近池底的灯具照射得以展现。

花园没有过多的装饰，不论是出于设计成本还是期望营造的自然感考虑，这样简单舒适的空间，简直可以让人忘记此处是喧嚣拥挤的上海。

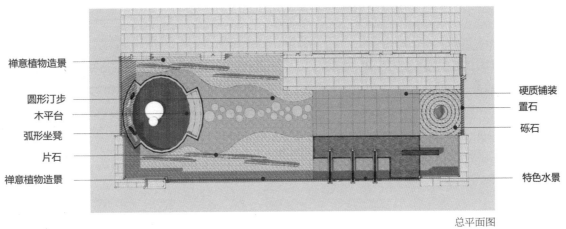

禅意植物造景

圆形汀步
木平台
弧形坐凳

片石

禅意植物造景

硬质铺装
置石
砾石

特色水景

总平面图

下沉式平台通过人工方式处理高差和造景，形成视觉上的凹凸感，丰富庭院空间层次的同时，又暗合了园林设计中曲径通幽的意趣，使含而不露的庭院生活更具私密性。

花园的入口处用木材做了储物柜，空间共享，让空间动线更加流畅。用草坪代替青苔营造禅意氛围，因为业主家的院子是在南面，种植青苔会变黄长不好。另外别出心裁地用水洗石代替了沙砾，中间镶嵌石材和铜条收边，模拟水的波纹。水洗石里加入了发光体，夜晚看起来有星河的感觉。

─── 别墅花园 ───

宜兴九龙依云玫瑰园

花园面积：800 平方米
竣工时间：2016 年 6 月
主案设计师：贺庆
设计、施工单位：上海沙纳景观设计

花园基础风格较为传统，植物配植层次复杂无序，属于典型公共绿化的标准，同时由于地势高差将花园分割为两个独立部分，显然无法满足业主的要求。在对花园观察和实地勘测之后，设计师确定了这个改造项目的整体方向：打通整体花园，升级植物绿化。

入口种植区为整个花园与建筑的第一景观，原先以主景树搭配下层绿篱，整体杂乱没有美感，颜色单调且与建筑风格不相宜。经过改造，设计师采用球状绿篱与棒棒糖状绿植组合搭配，形成活泼俏皮的景观韵律，圆圆满满的寓意让人一进门就有好心情。球状组景还位于使用率极高的楼梯间玻璃前，路经此处，都可以观赏到这里的景观，从而极大提升了整个建筑的品位。

入口右侧的空间较狭窄，环境比较安静，对应的室内房间为主人的茶室，因此设计了禅意景观。室内外氛围相互交融，趋向沉静，于室内窗前品茶，安静宜深思的氛围萦绕着人们，思绪也能随之沉寂下来。

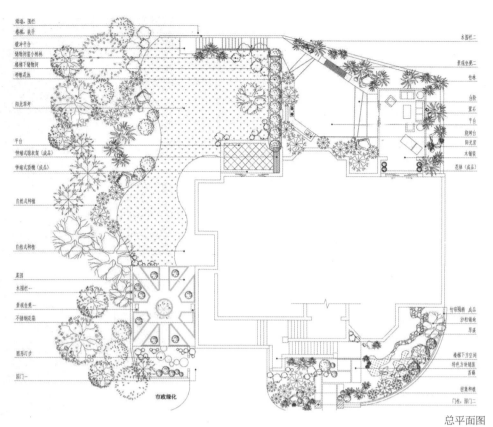

墙墙，围栏
楼梯，扶手
缓冲平台
植物树篱小树林
楼梯下储物间
树篱花池

阳光草坪

平台
伸缩式晾衣架（成品）

伸缩式凉棚（成品）

自然式种植

自然式种植

菜园
木围栏一
景观全景一
不锈钢花箱

园路灯步

园门一

市政绿化

木围栏二

景观全景二

竹林

台阶
置石
平台
旋转台
阳光房
木铺板

花箱（成品）

竹守隔断 成品
沙粒铺地
导溪
楼梯下方空间
特色方块铺装
苔藓
密集种植
门柱，园门二

总平面图

沿着建筑的另一侧进入花园，四个对称式蔬菜池美观又实用，中心对称的布局奠定了花园整体稳定、高雅的景观氛围。接下来的一大片草坪给花园预留了一块宽阔的休闲空间，可容纳各种丰富的活动，功能变化十分丰富。草坪边缘是通向二层露台的台阶，在符合人体工学的基础上，加入了宽窄不一的设计，让行走多了一份变化的节奏与乐趣。台阶旁的种植区采用自然式种植手法，高大直立乔木搭配下层混合种植，遮挡了楼梯主体。拾阶而上，仿佛在自然的树林中缓步穿行，提供充满生态趣味的体验。

缓步登上台阶来到一处主人的私密空间，操作台与一套轻奢的户外餐椅是这里的中心，环绕着混合种植区。这里是整个花园视线最广的区域，用作餐饮休闲区域再好不过。在自然的风与植物花香的包围下，眺望花园与远处的风景，以晚霞做背景，大自然无限的变化可让花园里的人在此享用一顿充满情趣的露台花园晚餐。

从露台餐厅再经两三步台阶便来到一处采光极好的阳光房。于此处读书、品茗或小憩一会儿，感受微风与植物的摇曳。光影透过玻璃映射在桌椅沙发上，一切都是生动而又美妙的。

本花园在改造设计中，注重功能流线式的顺畅，考虑空间本身氛围特点，力求在贴近原本空间氛围的基础上，营造出恰当、自然的植物环境或功能区域，让其中的人、植物、建筑都找到平衡且舒适的点。

──── 别墅花园 ────

御珑宫廷花园

花园面积：300 平方米
竣工时间：2018 年 3 月
主案设计师：贺庆
设计、施工单位：上海沙纳景观
设计

花园本身呈 L 形，花园的不同位置适合作为不同的功能区域，设计师本着这样的设计要点来规划整个花园的设计。位于东南的花园转角部分是花园最舒适的部分，于此处可同时观赏两边景观。简约风格的红色沙发，与后方褐色的栅栏形成一个色系，配以橘色与白色的座椅，使此处的休闲空间饱含着热烈如火的氛围，适合三五好友在此欢聚交谈。

于休闲区域放眼望去，一面是花园南侧的入口景观：樱花与绣球分布于入口两侧，花季繁花似锦，簇拥着访客进入花园。粉白色系的柔软配色让人卸下防备与压力，缓步走进这片藏于都市中的安静之所，去享受生活的本来面貌。

樱花旁的立面水景为整个花园增添了几分活力。

在花园的东侧，大大小小的修剪球组形成富有韵律的景观，圆球组景传递出活泼的律动感，烘托着休闲区热闹而又有序的氛围。沿着圆球组景进入侧院内部，由不规则切割的石板拼接的地面中镶嵌着苔藓，富有创意地传递出些微的禅意，借此入口处至此的景观自然地过渡到了内部的禅意景观。

整个花园的设计详细地考虑了方位与布局，为花园的每一处寻找到适合的功能与景观意境，以及适合的植物，让一切都仿若自然地生发般怡然自得。

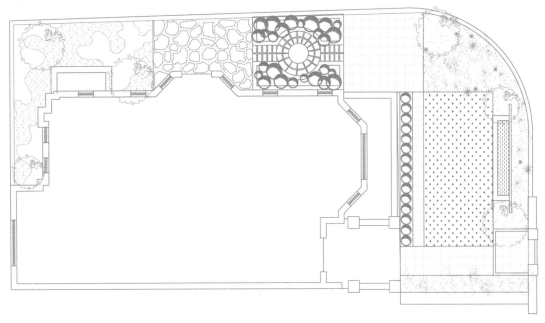

总平面图

———————————— 别墅花园 ————————————

雅仕轩花园

花园是什么，什么又是花园生活？——园中有景皆入画，一年无时不看花。

一座简洁而不简单的花园从推开一扇被隐藏的入户小门开始，踏着定制的弧形石板路，欣赏着两侧镶嵌马赛克的白色手抹墙，一株丛生锦带老桩，枝条自然搭落在小门与矮墙上，画面感十足。夜晚的灯光把入户空间照得透亮，给回家的人带来几丝温暖。

结合主人的要求与建筑的风格，我们将花园定位为现代日式小花园。原有入户门是与原小路侧石相平行的门，

没有任何装饰，设计时把入户门转向90°，硬朗的墙体和铁艺结合，配以柔和的爬藤植物，入口整体简洁硬朗又不失柔和。花园临着小区的主马路，保障私密性是首位的。入户与花园的休闲空间结合在一起，弧形的矮墙若隐若现地阻隔来自院内外的视线，顶面铁艺架子配以爬藤木香，营造了一个宁静的、休闲的花园生活空间。入户门左侧高达4米的格栅墙上爬满了粉色的龙沙宝石，与无尽夏、木本绣球交相呼应，形成丰富的视觉感受，初夏花季时，满满一墙花苞是何等壮观！

花园面积：250 平方米
花园造价：45 万元
设计师：姚婷
特色材料：水洗石、樟子松、锈板、弹石、黄木纹
特色植物：龙沙宝石、无尽夏、木木绣球、日本早樱、羽毛枫

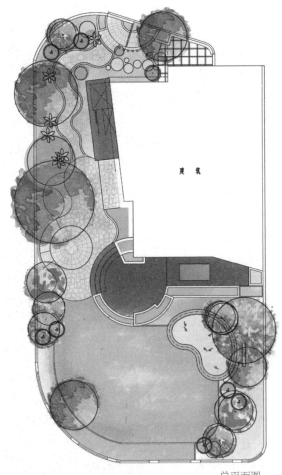

总平面图

　　S 形水洗石小路蜿蜒进入建筑入户门，伴随咕嘟咕嘟的小涌泉，两侧是沙砾与植物的组景，一旁的黑色木质设备房充分利用空间，上下两层顶上做了一个小小的菜园，一物两用。夜晚灯光交替，点亮整座花园，光影使花园的夜晚更加迷人。静时，可在院子里品一壶茶，看一本书；动时，可以进行烧烤、聚会，尽享花园生活之乐。

　　南院是花园又一主空间，出户门与花园有很大的高差，一侧用圆形的木平台与弧形台阶慢慢延伸到主要休闲区，另一侧为开启地下室的顶板采光井定制了多肉植物桌。从出户平台往花园望去，是一个现代简洁的锈板吐水水池，与大片草坪相呼应，为小花园提升了空间感。

　　花园的植物以常绿的球类植物、月季、绣球等为主，下面铺上干净的沙砾颗粒，简洁、易打理，点缀着这个小而精致的花园空间。

—— 别墅花园 ——

"暗"里着迷

该项目为重庆龙湖悠山郡端户别墅配套的私家庭院，庭院风格延续室内的现代轻奢风格（白墙、原木、偏东南亚自然形态的软装），整体分为一层入户前花园、二层灰空间竹屋、二层休闲后花园三个部分。

一层入户前花园，作为停车库的配套小景，同时也是步行至二层的必经通道，我们将其定义为"具有收纳功能的精致型入户花园"。错落的边界长满植物，"抠"出来的小绿地让花园和周边衔接得更自然。梯步下利用木格栅封闭，暗藏木门，作为收纳空间。玻璃栏杆不遮景，黑色线形扶手具有强烈的引导性。

二层灰空间竹屋，是我们为业主改造的小节点，这里之前仅仅是一个玻璃棚，我们为其增添了浪漫和艺术的氛围。由于玻璃顶经阳光照射会刺眼且不耐脏，所以增加了错落有致的竹篱吊顶，让光线若隐若现。增加竖向木格栅，提升空间感，光影婆娑。延续顶部装饰，利用竹子围合画框，辅以灯饰，艺术气息陡增。

二层休闲后花园，是整个庭院的主要休闲活动空间。地面黑白两色间铺，边界延续前花园错落的线条做法，让绿地嵌入铺地，同时保证活动空间。抬高的现代廊架可品茗、可酣睡、可打坐。围墙扯烧烤台的门扇呼应，采用藤编的材质。

花园面积：约 200 平方米
花园造价：38 万元
竣工时间：2018 年 4 月
主案设计师：黄阿海
设计单位：重庆厚筑造园、译地景观联合设计
施工单位：重庆厚筑园林景观有限公司

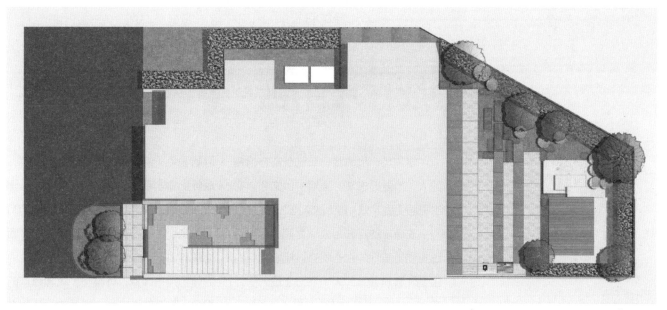

总平面图

———— 别墅花园 ————

城市山居

园主是一位儒雅、细腻且富有情趣的人，他爱好书法，喜欢中国文化，初次见面便给人文人雅士的清流之感。

改造前的花园布置较为简单，但通过植物与草坪的生长状态，能感知到园主是位喜欢花草的人，且为之投入了许多时间与精力。在交流中我们还了解到，园主的家乡在浙江的山里，他对于故乡山水之美有着一份特殊的情怀。也许是因为以上缘故，他想好好打造这属于自己的一片小天地。

了解了这些后，我们和园主一起对花园的改造做了主调的确定：造一座带着东方风格的禅意山水园子。休憩时可以看看鱼、读读书，听听潺潺流水声，载着乡情与闲适。

项目坐落于上海，整个花园约 200 平方米，南面为自然的草坪铺装，东面为富有山水气息的假山流水，东南角处为休闲娱乐区域，有着整个花园最广的视角。整个空间不大，但通过设计的布置使得整个园子充满东方园林的韵味，让美感与趣味共存。

整个设计最有趣的观赏点是东南角的休闲区域，西面有开阔的草坪、禅意石组，北面与南面有紫鹃与玉龙草的景观，搭配着置石让绿意得以环抱，东面透过景墙看若隐若现的假山和蜿蜒的鱼

花园面积：约 200 平方米
竣工时间：2018 年 3 月
主案设计师：张健、伍琨
施工单位：上海苑筑景观设计有限公司
特色材质：黄木纹板岩、老石条、老磨盘、英石、青砖
特色植物：矮婆鹃、玉龙草、南天竹、茶花、红枫

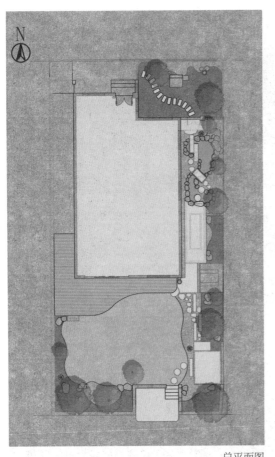

总平面图

池，使东方的韵律感与绿意的趣味性相互呼应。

徐徐开启的木门，像是穿越时空的任意门，一下子就让我们走进了江南水乡当中，厥藤、枫树、山景、小桥、流水、人家。

临近就能听到潺潺水声，未见春色，先闻春声。跨过小桥，往前走，便是青砖与瓦片、卵石结合镶嵌的古朴铺装地面，待青砖被青藓慢慢地掩盖，园子给人的感觉就是如此静好。周边是颇有禅意的石组、砾石、玉龙草、景观地形来贯穿整个园子，表达出自然山水的禅意。

"长"满青苔的石灯笼、静卧在玉林草上的石块、在水里嬉戏的鱼儿等一系列动静结合的设计布置方式，无不展示出该园子的精致。

花园一角有两块不起眼的石头，是设计师从两大卡车的石头里扒了两小时挑选出来的。寻找自然的花园材料是一种缘分，也只有设计师去亲自挑选才能诠释出设计中的真谛，有时候找了很久，也许都找不到自己满意的，但它往往就在你不经意时出现，带给你喜悦与幸福感，这也是造园的乐趣之一了。

—— 别墅花园 ——

华侨城 58 号

花园的主人李先生喜欢自然的味道，禅意的庭院，自然又是"禅"最好的表达方式，此庭院遵循"自然处处是禅意，生活处处见禅心"的设计理念，在这一方仅 60 平方米的小庭院中，引山水入怀，品淡然心境，营造出一种怡然自得的花园氛围。

在庭院设计中，我设计的初衷是为了聚焦视线，让人们把注意力集中在花园空间的主要节点上。焦点越鲜明，整个格局就越饱满，进一寸有进一寸的欢喜，退一步有退一步的妙处。适当的留白会产生"超乎其外，得乎其中"的意境美，恰如老子所言："恍兮惚兮，其

中有象。"暖黄色的灯光柔和而温馨，让人尽享岁月静好的安宁意境。而灯光后的院落一角，植物的争奇斗艳却勾勒出富有自然气息的热闹景象。

庭院设计的宗旨是景观与空间产生幸福的联系、追求，施工上渗透"意"的幽雅与"境"的深邃，将传统材料的工艺与细节处理做到极致。懂院子的人一定懂生活，李先生喜欢日式庭院的精、细、静、境，院子中种植的常绿植物占庭院面积的 2/3 以上，达到四季常青的景观效果。绿色是生命的颜色，让人心情舒畅，仿佛在不经意间，就将庭院处理得宛若天成。

花园面积：60 平方米
花园造价：13.3 万元
竣工时间：2017 年 10 月
主案设计师：闫红侠
设计、施工单位：上海翔凯园林绿化有限公司

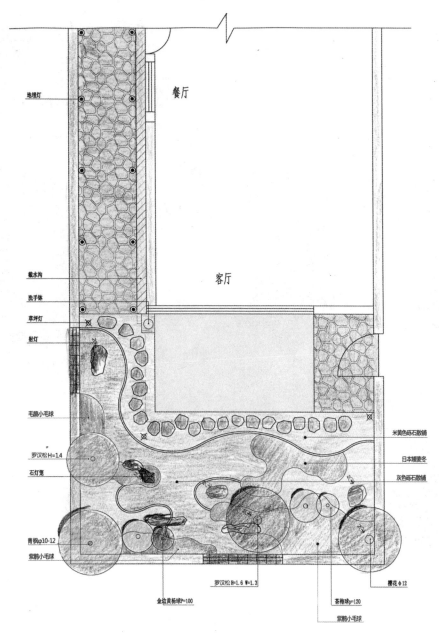

地埋灯

餐厅

排水沟
洗手钵
草坪灯
射灯

客厅

毛鹃小毛球

罗汉松 H=1.4
石灯笼

米黄色砾石散铺

日本矮麦冬

灰色砾石散铺

青枫φ10-12
紫鹃小毛球

金边黄杨球P=100

罗汉松 H=1.6 W=1.3

茶梅球φ120

樱花φ12

紫鹃小毛球

总平面图

———— 屋顶露台花园 ————

时间国际办公楼

本项目为某企业办公大楼的屋顶花园项目，业主对设计创意及品质颇有要求，对植物的设计也很注重。业主提出花园要满足休闲、休息、修心三个主要功能，结合这样的诉求及地缘现状，设计师遵循"以人为本"的原则，重视人在使用花园过程中的感受，以营造美观、舒适的空间。设计力求将建筑艺术和绿化美化融为一体，充分结合屋顶、平台的场地，利用微地形、园林植物、水体和园林小品等造园元素，采用借景、组景、点景、障景等造园技法，创造出不同使用功能和性质的景观，突出意境美。

屋顶花园设计采用"北高南低"的方法，北面利用竹子形成半围合空间，以保证花园的私密性；南面利用低矮植物和花坛的布置，最大程度透光。花园主体层层递进，入口处以水景引入，池中鱼群嬉戏。沿水面汀步入内，花园主景呈现在眼前，以两株造型松为主体构架，搭配不同球状灌木组团景观，还配以花境植物，令景观层次分明。右侧为时令花坛，花坛外以盆景相辅。左侧则设计有半下沉式凉亭，凉亭以钢构木质结构为主体，内设茶座供业主休憩之用，凉亭上还设计有庇荫的凌霄。

花园面积：473 平方米
花园造价：156 万
主案设计师：曾文儒
设计、施工单位：杭州古道园艺
有限公司

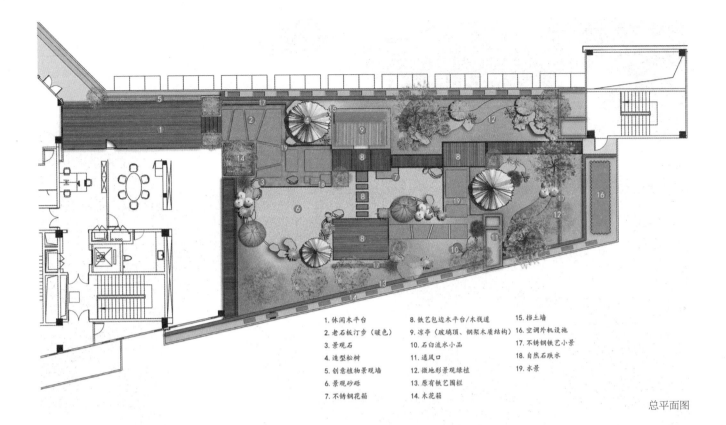

1. 休闲木平台
2. 老石板汀步（暖色）
3. 景观石
4. 造型松树
5. 创意植物景观墙
6. 景观砂砾
7. 不锈钢花箱
8. 铁艺包边木平台/木栈道
9. 凉亭（玻璃顶、钢聚木质结构）
10. 石白流水小品
11. 通风口
12. 微地形景观绿植
13. 原有铁艺围柱
14. 木花箱
15. 挡土墙
16. 空调外机设施
17. 不锈钢铁艺小景
18. 自然石跌水
19. 水景

总平面图

　　因屋顶大面积水景施工颇有难度，设计师创新运用轻质不锈钢板，焊接成池体，并配置净化过滤循环系统，既满足了屋顶载荷要求，也解决了屋顶花园会出现的漏水问题，又可维持水质清澈。

　　在植物应用上，设计师充分考虑杭州的气候特征和屋顶载荷能力，精心配置了多种浅根系的适宜杭州气候生长的植物，做到了常绿多彩、四季有花，符合绿色生态的现代化景观要求。

上海保利西岸屋顶花园

屋顶——一个与阳光亲密接触的露台，不仅可以享受日光、俯瞰秀丽景色，还能合理高效地利用屋顶空间创造一个适用、美观的花园。

身处闹市，又回归自然。本案主人热爱园艺，买房的时候便看中了这 140 平方米的大屋顶，并在心中构思着花园梦。承重、覆土、排水都是做屋顶花园时要最先考虑的问题，解决了这些问题后，我们就开始考虑规划设计了。

花园分南、北两个花园功能区。南花园以欣赏功能为主，北花园以工具房、晾衣房等实用功能为主。南花园以草坪、植物、水景、廊架为主要元素，力求花园的丰富性。出户木质连廊配以白色的木香，只待春季来临，一面白色的"瀑布"便迎面袭来。连廊端头是主木质廊架，地面以轻质的木质地板铺设，放置一套沙发椅与茶几，这里是与好友日常小聚、品茗聊天的好地方。另一侧的廊架下可以远眺横跨黄浦江两岸的大桥，吧台上放置了各色小盆点缀小空间，惬意又舒心。廊架下各色爬藤月季竞相开放，好不热闹。花园四周用高低的花坛围合，使得花园有高差感。花坛内的植物以多年生宿根植物为主，每季都会有不同惊喜。利用屋顶原有的挡风墙设计了操作平台，方便在露台上活动的使用。

花园虽小，但温馨又美丽，被植物深深包围的感觉，使人充分融入大自然的怀抱，真正享受花园生活的美好时光。

花园面积：140 平方米
花园造价：25 万元
设计师：姚婷
特色材料：花岗岩、红雪松
特色植物：龙沙宝石、红枫、无尽夏、庭菖蒲、花叶过路黄

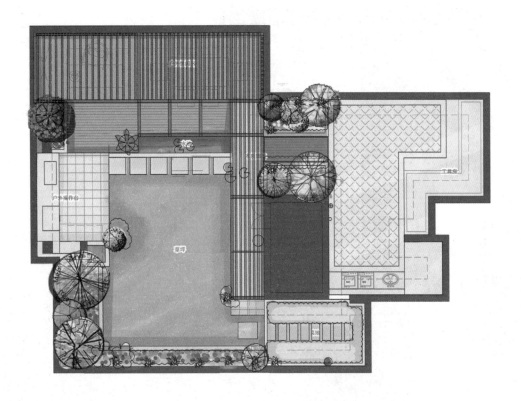

总平面图

屋顶露台花园

玉溪海绵城市景观示范园

玉溪海绵城市景观示范园是中国建筑第二工程局向玉溪市民介绍和展示海绵城市理念及成果而建设的展示性花园。

整个园区以海绵城市的核心思想"渗、滞、蓄、净、用、排"为设计理念，将彩色透水混凝土、透水砖、蓄水模块、人工湿地、立体绿化、人造雾系统等各种海绵城市工程技术，以花园景观的方式，直观展示出海绵城市在促进雨水资源利用、生态环境保护及提升城市景观方面取得的优秀成果。

●玉溪海绵城市景观示范园多媒体展示厅用于会议及多媒体展示。

●人工降雨栏模拟自然降雨过程，直观地演示海绵城市中各种透水铺装、渗透材料的渗透效果。

●蓄水模块展示区集中展示先进的模块化蓄水技术及雨水净化功能。

●垂直绿化墙遍布示范园区四周，配合多肉体验区、观赏草区、人工湿地区、花境区展示多层次的立体景观。

玉溪海绵城市景观示范园设置了高科技的灌溉、人造雾系统，并用全自动的智能气象站，结合中央计算机控制整个园区智能化运作。整个示范园突出展示了海绵城市理念以及相关的高新技术，融艺术与技术于一体，成功展示了中国建筑第二工程局在海绵城市建设方面的强大实力。

花园面积：568 平方米
设计师：陈光明

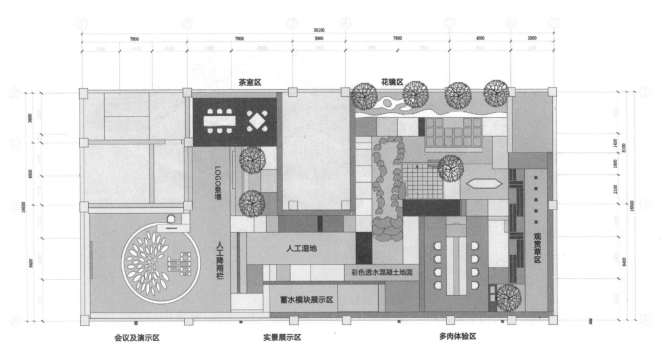

茶室区　　花镜区

LOGO景墙

人工降雨栏

人工湿地

彩色透水混凝土地面

蓄水模块展示区

观赏草区

会议及演示区　　　　实景展示区　　　　多肉体验区

总平面图

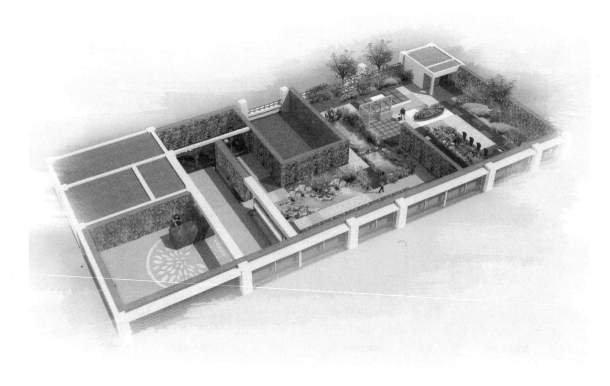

效果图

屋顶露台花园

静享花园生活

花园面积：50 平方米
花园造价：7.8 万
主案设计师：陈习阳

本案是位于上海市宝山区的一个屋顶花园，在前期与业主的交流中了解到，业主是一位热爱生活、喜爱植物、向往田园生活的人，他希望在自己的花园里，能够拥有招待客人和午休的区域。如何在有限的区域空间内进行划分、设计，是此次花园设计的关键。

庭院采用现代风格，设计元素主要是形状不规则的多边形，时尚大方，现代感强烈。防腐木平台的褐黄色，花岗岩铺砖的灰、白色，植物的绿色，围栏的木色，这些颜色构成花园的主色调，素雅大方，非常符合业主心目中的花园色彩。

考虑到业主经常举办家庭聚会，我把面积最大的区域定为主要休息区，地面采用黑、白花岗岩交替铺贴，搭配带有储存功能的防腐木坐凳，使整个空间更加协调统一。

花园内还有一处休闲木质平台，利用两个平台的小高差做成台阶，加上灯带的设计，使得整个空间既静谧又时尚，所产生的围合空间，既可以延伸房子的室外空间，又可以作为家庭活动的扩展区。

在素净的自然氛围中流露出优雅格调，简约、平淡，又足够温馨，是我此次设计的初衷。在灯光的搭配上，围墙上的墙头灯、射灯，以及铺装上的纹理等，无不为花园营造出宁静浪漫的气氛。

世界人工智能大会 B 馆庭院

花园面积：1648 平方米
设计师：韩易凡
设计单位：韩易凡设计事务所
施工单位：上海溢柯园艺有限公司

　　此次庭院项目是为在上海西岸召开的世界人工智能大会 B 馆所设计，场地分为东西两个互不相连的三角形中庭空间，拥有跨度极大的木结构穹顶，是在会展期间为参观者提供休闲和游览、休憩的场所。

　　内庭院总面积 1648 平方米，在方案设计中，我们将山涧清泉和林下空间通过现代的设计手法引入庭院中，营造出让人们流连忘返的空间体验。折线的线条造型代表了科技带来的秩序感，而石块则代表自然带来的亲昵感。高度概括化的山涧流水和巨大的石组时刻在提醒着你，自然并非随时代而远离，而是换种形式回到生活中。

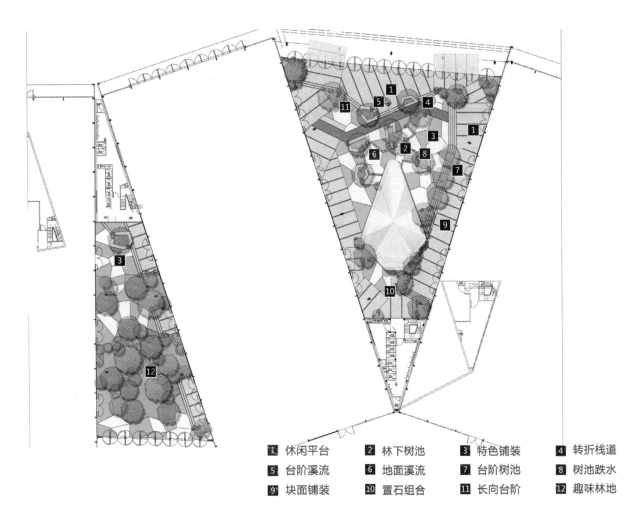

1	休闲平台	2	林下树池	3	特色铺装	4	转折栈道
5	台阶溪流	6	地面溪流	7	台阶树池	8	树池跌水
9'	块面铺装	10	置石组合	11	长向台阶	12	趣味林地

总平面图

　　"梦抵仙境"的理念基础，是重新为新时代的人们描绘童真内心的图景，表达人类感知未来的探索精神，并以此来营造令人感动的科技和自然友好交融的奇幻空间体验。正如大会的主题"人工智能赋能新时代"，在人工智能的未来，在科技不断解释世界的时候，更应突出带有浓厚情感的人文色彩，此内庭花园便是试图在世界人工智能发展趋势下，带给参会者更多的人文思考。

办公会所花园

兴洲会所

花园面积：430 平方米
花园造价：238 万元
竣工时间：2018 年 2 月
主案设计师：周波
设计、施工单位：苏州融景景观营
造有限公司

这座四面被钢筋混凝土包围着的中式景观，主要用于接待宾客和宴会游玩。四周有粉白的高墙，头顶有蓝天白云，高墙为园子里亭台廊阁的走向提供了空间上的多变性，高墙上部有镜面窗户，与水面一起倒映蓝天白云，让你留意到天上的云卷云舒。

穿过大理石纹贴面的走道，推开深色的大门，入眼的便是那幅动态的立体山水画。

在一圈中式造型的房间包厢的中心，是供游玩的假山水池。在紧张的谈判结束后，坐在一层的四角半亭中，隔着其中欢快的游鱼，欣赏对面半山上四角半亭里的昆曲，优雅的词曲、婉转的行腔、细腻的表演、悠悠的茶香，心情不觉舒畅开来。

一条走廊将庭院内的所有事物连通起来，园子的大部分都在水上，一小片鹅卵石铺地延伸到三折桥前，与桥相连的是从池底砌上来的水中汀步，伸手便能摸到池中的鱼儿，抬手便能在假山之上造一处属于自己的微景观。

赏假山，也是赏奇石，山的俊秀、崎岖，凝聚在这一方奇石之上。依山傍水、层次分明的山石，也作隔景之用，园中无限风景，不容一眼看穿看透，美得含蓄，犹有保留，如此甚妙。假山在中式园林中具有另一层意思，不仅起到优雅的装饰作用，又赋予主人家招财聚宝的愿景。

假山尽头是"浮在"水面上的茶室书房，打开窗户，满园美景尽收眼底，读书、作画、独处。席间枝头鸟鸣，绿叶婆娑，清风徐来。把人工美、自然美、建筑美巧妙地结合起来，更好地展现中式园林独有的意境美。这既是对中式传统园林的传承和发扬，也是人工建造对自然的尊重与利用，充分表现了中式园林独有的空间和意境。

办公会所花园

柯灵故居

花园面积：150 平方米
花园造价：60 万元
竣工时间：2018 年 6 月
主案设计师：马克·朱
设计单位：东町造园
施工单位：上海东町景观设计工程
有限公司

　　上海有条名气并不大的复兴路，长得像一条摆尾的龙，由东向西蜿蜒而行。到了西段的复兴西路，一栋栋奶黄色的西班牙式公寓，一扇扇厚重的黑灰色木门，掩映在合抱粗的梧桐绿叶中。柯灵先生曾住在 147 号的楼上，我觉得这条路和在这里生活了 50 多年的柯灵先生的气质非常吻合，丰富又纯净，才高八斗却又含蓄内敛、不露风华。

　　本案例中的禅意景观，带有些许现代风格的特点。多处采用了硬朗的直线条，而摒弃了原有的曲线条以及精细、精美的雕刻工艺，在色彩的选择上也采用了比较沉稳的颜色，让整个空间看上去显得更加内敛，充满了历史与文化的气息。简洁的线条、柔和简约的形式、质朴的格调加上纯天然材质，描绘出一个极静的空灵意境。

竹的修饰，加上木梁柱结构及实木家具的运用，当这些元素出现在空间中，自然就能感受到用材质营造的禅意氛围。

柔和的色彩搭配所体现的和谐是禅意设计的基础，注意在视觉上保持连续性，色彩落差不宜过大，注重自然过渡的效果。没有复杂的细节，更没有花花绿绿的装饰，取材天然更能让人感觉到放松和温暖。

多功能花园

这是一个面积不大的屋顶花园，属于一家销售高科技多媒体设备的公司，楼体比较老旧，且周围环绕着很多 20 世纪 80 年代的老居民楼。如何通过设计让这个空间焕然一新，是业主考虑的首要问题。第二，由于公司员工众多，业主希望这一空间，既可以作为员工平时休息、交谈的场所，又可以在节假日聚餐娱乐。在施工功能上的灵活性和兼容性，也需要在这一空间实现。最后，由于距离居民楼很近，如何最大程度地保证私密性和空间独立性，也是业主关注的重点。

基于以上三点设计要求，我先从格调入手，以干净的淡灰色调为主色，利落的铝合金线条为骨架，构筑出清爽、简洁的视觉感受。在空间布局上，最大限度地将主要的空间留白。植物以盆栽为主，以便给各种不同类型的户外活动预留出足够的展开空间。西侧完整地划定为户外就餐空间，户外厨房和餐厅连为一体，宽敞的餐桌和超大的厨房台面，足以满足近 20 人同时用餐的需求。东侧则整体空出，作为户外活动区域。在后期的实际使用中，这块空间平日可供员工洽谈、小憩；节日活动时，这里则是酒吧、舞台和小型影院。

花园面积：150 平方米
花园造价：20 万元
主案设计师：赵奕

另外，考虑到空间的私密性，在北侧空间入口处，以格栅和富有自然感的植物，迂回构筑出入口的玄关空间，并将两级台阶巧妙地融合在内。而靠近南侧，由于紧贴居民楼，我则设计了高低错落的景墙，并在墙后种植了较为高大的竹子。借用景墙和竹子，将景观性较差且对私密性影响较大的居民楼，"不动声色"地掩映于花园空间之外。

在花园硬质铺装完工后，我对软装也进行了优化设计。家具选择上，以淡灰色调、轻商务感的户外家具为主，以满足日间的商务需求。此外，考虑到这是以举行派对为主的空间，夜晚的气氛尤其重要。因此不仅按常规配置了户外基础照明和节日照明，还加配了星光灯、球形灯、LED 变色台面灯、户外火炉等不同亮度等级及氛围功能的照明，使花园气氛可根据需求轻松切换。华灯初上，灯红酒绿，一场饕餮盛宴即将在这里开始。

效果图

143

办公会所花园

柒栎花园

花园面积：约 600 平方米
花园造价：约 120 万元
竣工时间：2018 年 8 月
主案设计师：杨锐
设计、施工单位：成都柒栎园林工程有限公司

在景观行业做了十几年，我一直想做一个心目中理想的花园，而做一个实体样板区也是我多年的梦想。机缘巧合下，在 2018 年 4 月的一天我无意间路过这块地，大小尺度、位置关系都比较符合我想要的标准，便果断买了下来。接着就是从概念、深化方案、施工、软装搭配，到一步步的细化工作。原本希望花园在 7 月开业（后因成都暴雨延误），因为 7 月是花期，悦己悦人，便取了"柒栎"这个名字。希望每一个光临的顾客都能在这个实体花园体验区找到自己想要的灵感、满足自己的需求，这也是我做这个花园的目的。

效果图

无锡山水壹笙

花园面积：1200 平方米
花园造价：300 万元
竣工时间：2018 年 5 月
主案设计师：翁靓
设计、施工单位：杭州凰家园林景观有限公司

　　园林景观是集自然风光、人文景观于一体的综合性景观，而江南风格的园林景观不仅风景秀丽，而且是自然与人工的完美结合，具有自由、小巧、精致、淡雅、写意的特点，又蕴含着丰厚的传统文化。

　　花园营造了江南园林般的游园体验，移步异景，引人入胜，在游园过程中经过时间的变换，感受到景观在形、色、影上的不断演变和重新组合，从而达到时间与空间的统一。

　　正如林语堂先生对美好庭园生活的向往："苑中有园，园中有宅，宅中有屋，屋中有院，院中有树，树上有天，天上有月。"壹笙酒店花园在保持江南建筑风格的同时，又吸纳传统江南文化和园林精髓，在文脉上传承江南文化。

　　生活静好汇聚于此，忙时井然，闲时怡然，从容有境，偷得浮生半日闲。

标 注

1. 车行入口
2. 景观跌水
3. 木平台
4. 园路汀步
5. 假山源头
6. 拱桥
7. 拴马柱
8. 艺术园路
9. 锦鲤鱼池
10. 洗手钵
11. 亲水平台
12. 荷花池
13. 中式铺装
14. 冰梅铺装
15. 树池
16. 卵石滩
17. 中式石桌

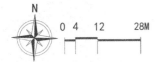

总平面图

楼盘样板花园

西岸家宴花园

设计师对于花园的格调、细节等进行深入设计。只有在对功能布局这一花园的"骨骼"进行充分推敲的前提下，花园的风格、铺装、灯光、水景、植物等这些"表皮"，才有了存在的意义。花园整体定位为现代简约的风格，以干净洗练的线条，配合自然蓬勃生长的植物，将人工与自然完美融合，使之成为户外欢聚的"舞台"，同时也成为园外壮美大自然的精致边框和衬托。

将湖景最大限度地导入花园和室内主要活动空间，是此次设计的重中之重。

因此，设计师刻意将所有花园功能空间排布在花园两侧，花园主体区域完全留白，使室内最重要的主客厅的视野，得到了最大程度的保证。

使用人员较多，是该花园有别于常规私人别墅花园的核心所在。为了满足多人聚会的使用需求，设计师在设计中，充分考虑了客人行走、停留、观景的路线。同时将工作人员的备餐通道同客人的活动通道完全分离，保障客人在花园中可以安静观赏美景，其社交活动不被打扰。

花园面积：800 平方米
花园造价：90 万元
主案设计师：赵奕

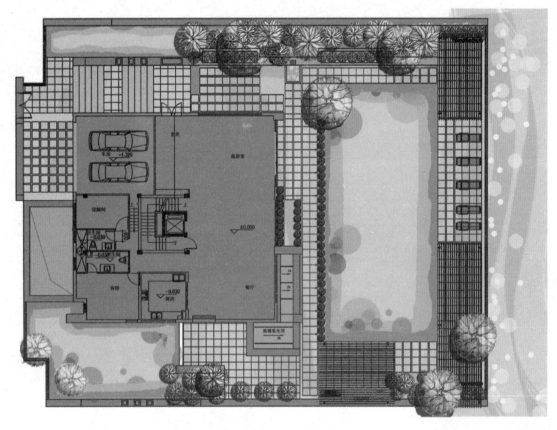

总平面图

楼盘样板花园

桂畔君澜

本案位于佛山市顺德区伦教镇，伦教镇古称"海心沙"，明初更名为"伦教"，相传是因为乡绅郑循斋治乡有方，朝廷赐"伦常教化"匾额而得名。香云纱原称莨纱，是顺德伦教地区的一种古老的手工织造和染整的植物染色面料，顺德伦教是这个产品染整技艺的传承地，有着500多年的历史。美地置业在这片有着历史文化底蕴的土地上，建造出一个雅韵款款、宜赏宜居的居住体系。

项目位于佛山市顺德区新基北路两旁，分为东西两个地块，周边多为鱼塘、农田，景观、生态资源良好。项目以北配套设施较为缺乏，以南配套设施较为完善，具有良好的幼小及中学教育资源。周边绿地公园及运动公园资源良好，是人们健身休闲的好去处。项目场地内部地势较平坦，入口区域的高差变化较大，示范区选址为西地块。

为了将嘈杂的外部环境与内部展示动线分割开来，前场入口采取围合封闭形式，同时考虑到景观展示效果，在中间设计点睛雕塑。

设计师将伦教独特的自然、文化资源加以运用，提炼出"云"和"水"这两种能代表伦教特色的设计元素，形成"云水中的诗意栖居"为设计理念的主题构思。

而归家，永远是一件想起就会面带微笑的事情。不求多么隆重烦琐，但终究有那么一丝丝的仪式感。充满细节之美和诗意的庭院空间，带给住户不一样的归家感受。

花园面积：8147 平方米
竣工时间：2018 年 5 月
主案设计师：朱钟伟
设计单位：美的置业设计研究院市政园林一所

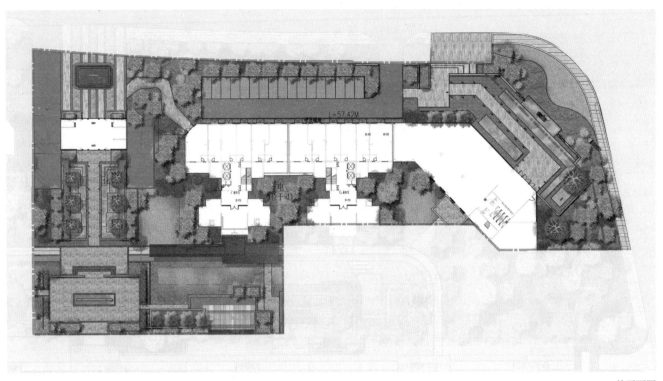

总平面图

———— 楼盘样板花园 ————

禅意山居

项目地处南京市江宁区的绿色走廊之内，东临赵宕水库，北靠牛首山森林公园，西接千盛农庄。既有水域面积近500亩的大月湖，又邻牛首山森林公园，可谓山水俱佳，加上瑞安翠湖山居的低密度设计，形成一个宜居的高档社区。

附近大月湖独有的水域环境，除了为花园带来静谧之外，还带来几分温润。因此从看房过道开始，我们给道旁区域加入像琴键般的设计元素，让绿色有了律动感，使步行成为旅行，体验"苔痕上阶绿"的意境。

多彩的角堇、红花继木球、海桐灌木球、石榴、红枫等多种植配，构组了色相丰富、错落有致的观赏空间，从视觉上形成了曲径通幽处的效果，令人欲举步前往一探究竟。

甲板上的会客空间，由一组木质桌椅和白色坐垫构成，点缀以甲板相近色的橙色靠垫，素净之余，又平添几分暖意，十分贴合人们在户外的心境。

庭院深深处，才是花园的秘密所在。路的尽头被石质的弧形围挡包裹住，里面是一张大大的藤编圆床，蓝色床垫像一片湖海，吸引着你投身那片宁静，上有青树翠蔓，蒙络摇缀，下有白石琴键，苔痕犹绿。

项目面积：522.5 平方米
工程造价：80 万元
设计师：姚婷
特色材料：青色花岗岩原石、泰山石、花岗岩石条、工匠石、铝制围栏、锈钢板
特色植物：石榴树、青枫、羽毛枫、圆锥绣球、美女樱

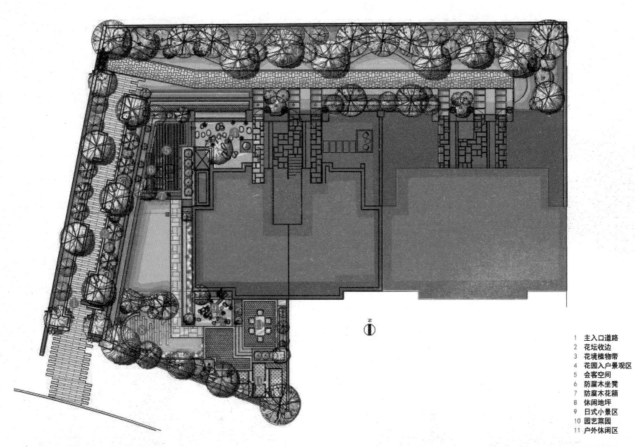

1 主入口道路
2 花坛收边
3 花境植物带
4 花园入户景观区
5 会客空间
6 防腐木坐凳
7 防腐木花箱
8 休闲地坪
9 日式小景区
10 园艺菜园
11 户外休闲区

总平面图

—— 民宿花园 ——

安徽老乡鸡生态家园

安徽老乡鸡是安徽最大的中式快餐连锁品牌，老乡鸡生态家园前身是老乡鸡养鸡场，后期发展成一处集餐饮、住宿、体验、娱乐于一体的农业休闲度假地。

生态家园现有建筑以徽派风格为主，因此在设计时使用了许多白墙，在风格上是配合粉墙黛瓦的徽派建筑，在功能上则作为背景衬托前景的树、石，就像画布一般。粉墙黛瓦的建筑庭院中穿插着白色景墙，使空间或隔离、或开敞、或渗透，庭院空间也比以往更加丰富。

四合院作为家园的餐饮区，取名"倾杯小院"，该区的景观以四合院建筑中庭设计为主。此外，隔挡的白墙上开出门洞或小长窗，景色隐约可见，驱使着客人向前探索，值得一提的还有题在白墙上的对联和诗句，或是建筑取名的寓意，或是对此处风景的点题。

竹里馆原名贵宾楼，是生态家园的客房区。由于此处面向远处的湖水，远

花园面积：8000 平方米
花园造价：128 万元
竣工时间：2018 年 5 月
主案设计师：谢玮
施工单位：安徽地道景观规划设计有限公司

离入口区域较为安静，且本次景观设计在建筑东边、北边种植了大量竹子营造幽静氛围，故取名竹里馆。空间序列上，来自建筑东北侧的游人不能一眼望见入口，直到走进镜水池才能发现入口，接着北侧的大型枯山水造景及景墙引导游人往西侧建筑入口行走。而来自西侧的游人跨过小桥，穿过樱花林（效果图中为竹林，后设计为樱花林）顺着尽端迎客松

的指引走向建筑主入口。植物造景上，建筑东侧庭院、北侧墙边及东北入口处栽植着大量竹子，应"竹里馆"之名，可谓是"竹间常闻流水音，林下时见美人来"。面向湖泊的北侧入口栽植了一片樱花林，景墙上所题"花前常坐人不老，湖上时闻鸡处啼"是对此景的描绘。

总平面图

独占风光最多处
醉月寒石映红枫

民宿花园

禅茶一心

花园面积：320 平方米
花园造价：45 万元
竣工时间：2017 年 10 月
设计师：何健
设计、施工单位：成都艺境花仙子
景观工程有限公司

本项目位于丽江古城中心的"禅茶一心"客栈，作为度假休闲型客栈，庭院景观主要营造的是建筑、景观、人与自然和谐统一的氛围。人在其间，心灵优雅而清澈，加强了建筑与景观结合的层次和联系，让建筑、卧室、景观融为一体，让旅客在客栈度过的时光，充满明澈的阳光与自然气息，清新、慵懒、舒适。

中庭区规划为观赏和休闲性景观设计。作为所有房间都要面对的景观中枢，根据通道和房间不同视觉方位，进行了自然面恰当的层次空间营造，力求每个方位都有唯美的画面感。

中庭从门头开始，通过蜿蜒的彩石小径，清澈涓细的溪流，精致自然的小桥，富有禅意的流水钵、旱景，让旅客一进入小院就体验到浪漫的慢生活格调。

建筑外观的景观改造衔接，与中庭景观建造都大量应用了原木结构。为了保留木材的天然性又达到耐用的目的，对木材进行了浅碳化处理，加深纹理美感，古朴自然。